Leit- und Sicherungstechnik mit drahtloser Datenübertragung

Marcus Hellwig • Volker Sypli

Leit- und Sicherungstechnik mit drahtloser Datenübertragung

Sicherheit im drahtlosen
Bahnbetrieb · Qualität in der
Informationsverarbeitung · Methoden
der Qualitätssicherung

Marcus Hellwig
Lautertal
Deutschland

Volker Sypli
Mainz
Deutschland

ISBN 978-3-658-05435-9   ISBN 978-3-658-05436-6 (eBook)
DOI 10.1007/978-3-658-05436-6

Die Deutsche Nationalbibliothek verzeichnet diese Publikation in der Deutschen Nationalbibliografie; detaillierte bibliografische Daten sind im Internet über http://dnb.d-nb.de abrufbar.

Springer Vieweg
© Springer Fachmedien Wiesbaden 2014

Gedruckt auf säurefreiem und chlorfrei gebleichtem Papier

Springer Vieweg ist eine Marke von Springer DE. Springer DE ist Teil der Fachverlagsgruppe Springer
Science+Business Media
www.springer-vieweg.de

Geleitwort der DB International GmbH

Die Entwicklung des Eisenbahnverkehrs in Europa und weiten Teilen der Welt hat im vergangenen Jahrzehnt einen rasanten Aufschwung erfahren. Als echte Alternative zum Flugzeug und Auto wird er auf lange Sicht einen erheblichen Anteil des Gesamtverkehrsvolumens ausmachen.

Das ist auch der Tatsache zu verdanken, dass die Politik darauf bedacht ist, mit den abnehmenden Energiereserven sorgsam umzugehen. Ebenfalls ist dafür Sorge zu tragen, dass der Eisenbahnverkehr nicht an europäischen Grenzen Halt macht, sondern darüber hinaus weitergeführt wird. Damit verbunden sind viele Herausforderungen, denen sich auch die Deutsche Bahn stellt. Zahlreiche Projekte in aller Welt werden aus deutscher Hand und mit deutschem Know-how umgesetzt.

Dazu gehört auch der Einsatz zeitgemäßer Ausrüstungstechnik wie die Leit- und Sicherungstechnik, die derzeit unter einem gemeinsamen europäischen Konzept ERTMS (European Rail Traffic Management System) Gestalt annimmt. Darunter fällt auch das abgestufte ETCS (European Train Controll System), dessen Kommunikationsbasis das GSM-R (Global System for Mobile Communications – Railway) ist.

Sollte weiterhin das Ziel verfolgt werden, bestehende europäische Leit- und Sicherungstechnik (LST) in Länder zu exportieren, die über keine oder eher wenig Eisenbahnerfahrung verfügen, mag dieses Buch eine Richtschnur für die Entwicklung drahtloser LST bieten, die insbesondere für weite Stellentfernungen, also auch für die durch Vandalismus gefährdeten Strecken, zum Einsatz kommen kann.

Dafür notwendig ist ein sicher kommunizierendes Datennetz wie z. B. Internet, Wireless Metropolitan Area Network (WMAN), Richtfunk oder artverwandte Systeme.

Der Herausforderung, hierfür nach Methoden einer sicheren Bahntelematik zu forschen, stellen sich die Autoren mit ihrem Beitrag. Der Schwerpunkt dieser Arbeit behandelt die Themen LST, Telekommunikation und Qualitätsmanagement in Verbindung mit dem Wahrscheinlichkeitskalkül übergreifend.

Besonderen Dank gilt DB International GmbH, Fr. Dr. Hüske für das Geleitwort Fa. ISB, Hr. Peter Schließmann, Leit- und Sicherungstechnik, Deutsche Gesellschaft für Qualität, Herrn Christoph Lunau und Herrn Elmar Hillel, QoS Quality of Service sowie TU-Darmstadt, Frau Dr. Tina Felber, Wahrscheinlichkeitsberechnungen und Statistik.

Vorwort

Bahnsicherungstechnik spielt die tragende Rolle bei der Sicherheit im Bahnbetrieb. Eine komplexe technische und personelle Organisation sorgt für die sichere Leitung der Züge von Ort zu Ort unter sich ändernden Bedingungen und Anforderungen an die Kapazitäten der Bahn. Daher werden Stellwerke den daraus resultierenden Herausforderungen gewachsen sein müssen.

Mit dieser Arbeit stellt der Verfasser Technik und Methodik zur Sicherung der Prozessfähigkeit der Komponenten der Bahnkommunikation als Bindeglied zwischen zentraler Steuerung und isolierten, weit von einer Zentrale entfernten Feldelementen vor. Methoden und Technik unterscheiden sich nicht von gültigen Standards, sie werden aber abweichend davon in ein präventiv wirkendes System eingebunden.

Unter Anwendung der Methoden der nunmehr präventiv agierenden Qualitätssicherung konnten in der Arbeit grundlegende, technische und methodische Anforderungen an die technologischen Bedingungen einer QoS für eine redundante Bahnkommunikationstechnik in Verbindung mit der Sicherungstechnik vorgestellt werden, die bis dato nicht in dem Umfang angewendet wurden. Wesentliche Unterschiede zum derzeitigen Standard finden sich insbesondere in folgenden Bereichen und sind in der Arbeit anhand konkreter Funktionen belegt:

- Umfang und Ausprägung präventiv wirkender, qualitätssichernder Methoden,
- Tendenz zu redundanten, datenbankgestützten Systemen,
- Prozesssicherheit für ein risikooptimiertes Betreiben von Übertragungssystemen durch Überwachung der QoS mittels SPC.
- Die methodischen und technischen Lösungen unterscheiden sich vom Standard sehr stark, da Letztere auf eingetroffene Fehler/Ausfälle/Störungen aktuell reagieren, nicht präventiv agieren, um mögliche Ausfälle überhaupt zu vermeiden.

Inhaltsverzeichnis

Abkürzungs- und Symbolverzeichnis

GSM-R	Global System for Mobile Communications-Rail(way)
SPC	Statistical Process Control
IP	Internetprotokoll
LWL	Lichtwellenleiter
Ril	Richtlinie
SM	Stellwerkslogik (in einem Stellwerk)
EN	Europäische Norm
H	Hazard, Gefährdung
Hr	Hazard Range, Gefährdungsrate
Da	Damage, Schaden
Ri	Risk, Risiko
R	Reliability, Zuverlässigkeit
A	Availability, Verfügbarkeit
M	Maintainability, Instandhaltbarkeit
$\bar{x}$	Arithmetischer Mittelwert der Werte aus einer Stichprobe
h	Harmonischer Mittelwert
μ	Erwartungswert der Normalverteilung bzw. Reparaturrate
λ	Ausfallrate
P	Wahrscheinlichkeit
QoS	Quality of Service, Dienstgüte
SLA	Service Level Agreement
GPRS (General Packet Radio Service) bis zu 53,4 kbit/s	GPRS (deutsch: „Allgemeiner paketorientierter Funkdienst") basiert auf dem GSM Standard (2G) und wird im Unterschied zum herkömmlichen GSM (9600 Bytes) paketweise abgerechnet. Dabei kann GPRS bereits vorhandene GSM Zeitschlitze bis zu achtfach bündeln. In der Praxis liegt die Geschwindigkeit auf Grund der begrenzten Basisstationen bei maximal 53,4 kbit/s. Das entspricht der Geschwindigkeit eines 56 K V90 Modems.

EDGE (Enhanced Data Rates for GSM Evolution) bus zoo 220 kbit/s	EDGE ist eine Weiterentwicklung von GPRS und basiert somit ebenfalls auf dem GSM Standard 2G. Durch ein zusätzliches Modulationsverfahren (8-PSK) können Geschwindigkeiten von bis zu 220 kbit/s im Download und bis zu 110 kbit/s im Upload erreicht werden. Das entspricht einer 4-fachen ISDN Leitung. EDGE wird bereits in vielen Ländern eingesetzt und wird in Deutschland derzeit von T-Mobile, Vodafone und O2 gerade in ländlichen Gebieten weiter ausgebaut. Um EDGE nutzen zu können, benötigt man ein GPRS/UMTS Modem mit EDGE-Unterstützung.
UMTS (Universal Mobile Telecommunications System) bis zu 384 kbit/s	UMTS steht für einen Mobilfunkstandard der dritten Generation (3G). Dabei gibt es zwei Übertragungsarten: Bei FDD (Frequency Division Duplex) senden Basisstation und Mobilgerät auf zwei unterschiedlichen Frequenzen zur gleichen Zeit. Somit ist das Übertragungssignal nicht gepulst. Im TDD Betrieb (Time Division Duplex) senden Basisstation sowie Mobilgerät zu unterschiedlichen Zeiten auf einem selben Frequenzband. Dabei wird es in 15 Timeslots unterteilt, die mit jeweils einer Dauer von 10 ms senden (gepulste Strahlung wie bei GSM, GPRS). Um UMTS nutzen zu können, benötigt man ein UMTS Modem.

Einleitung

1

Anlass zu dieser Arbeit gibt das Bestreben, weit entfernte Betriebsstellen und ausgedehnte Strecken über ein geeignetes Kommunikationsnetz sicher zu betreiben. Dazu bieten sich die Möglichkeiten der kabellosen Fernbedienung als Ersatz oder als Ergänzung zu kabelgeführten Systemen. Kabelgeführte Systeme waren und sind immer wieder dem Vandalismus ausgesetzt.

Ausgedehnte Kabelwege erscheinen außerdem in Zusammenhang mit Wartungs- und Instandhaltungsaktivitäten unwirtschaftlich. Funkfernbediente Betriebsstellen und Streckeneinrichtungen mögen daher über Netzwerke gesteuert werden, die redundant ausgelegt, sich gegenseitig unterstützend wirken.

Dazu ist es notwendig, die Steuerungsinformation mittels Datenbanksystemen zu synchronisieren, als auch dafür zu sorgen, dass der Synchronisationsprozess – die Gleichschaltung aktueller Information – in einem definierten Zeitrahmen stattfindet. Dazu müssen die Übertragungskanäle qualitativ und kontinuierlich überwacht werden. Versagensfälle müssen frühzeitig erkannt werden, damit Redundanzsysteme frühzeitig die Leistungen übernehmen können.

Präventive Erkennung von Fehlverhalten ist daher von ausschlaggebender Bedeutung. Daher beinhaltet diese Arbeit die Themen:

- Die Vorstellung eines kabellos fernwirkenden Datenbanksystems zur Steuerung entfernter Feldelemente sowie
- die Vorstellung statistischer Methoden zur präventiven Erkennung von Fehlverhalten kabelloser Übertragungssysteme.

© Springer Fachmedien Wiesbaden 2014
M. Hellwig, V. Sypli, *Leit- und Sicherungstechnik mit drahtloser Datenübertragung*,
DOI 10.1007/978-3-658-05436-6_1

Vorstellung eines kabellos fernwirkenden Datenbanksystems zur Steuerung entfernter Feldelemente

2

Fernsteuerungssysteme, wie beispielsweise Kabelnetze der Leit- und Sicherungstechnik der Eisenbahnen, sind in der Vergangenheit entlang der Bahntrassen verlegt worden. Begleitend zu den Entwicklungen der kabelgeführten Elektrotechnik wurden die Systeme entwickelt und optimiert. Diese Systeme erlauben es nur schwer, den Anforderungen sehr weit voneinander liegenden Betriebsstellen gerecht zu werden. Kabellose Netzkonzepte werden die Systemlandschaft tiefgreifend verändern. Kabellose Kommunikation bedarf Dienstkonzepte des paketvermittelnden Internets oder gleichwertiger Kommunikationsnetze. Der damit verbundene Funktransportdienst muss, da die Transportwege eben nicht mehr über einen Kanal verlaufen, sondern über ein Transportwegenetz, qualitativ betrachtet werden.

Es ist zu erwarten, dass die Eisenbahn einen Beitrag zur Besiedelung bisher weniger erschlossener Gebiete leisten wird. Das hängt damit zusammen, dass der Schienenverkehr im Zuge des Bahnbaus eine eigene Baustellenversorgung als auch die Güterversorgung der an der Bahnlinie neu entstehenden Siedlungen erlaubt, so geschehen in der Besiedelung des Westens der Vereinigten Staaten. Damals wie heute sind Kommunikationsanlagen immer wieder beschädigt oder zerstört worden. Damals waren es Telegraphenanlagen, heute sind es die ungeschützten Anlagen der Leit- und Sicherungstechnik sowie der Elektrotechnik in Gebieten des Nahen Ostens oder Afrika, in denen die Bahn in Deutschland, wie zu Zeiten Friedrich Lists, Städte künftig miteinander verbinden soll. Dies ist auch das Ansinnen der DB AG, welche bereits in verschiedenen ausländischen Staaten tätig ist. An ausgewählten Standorten werden dann Bahnstationen errichtet, die allerdings – aufgrund ihrer isolierten Lage – nicht per Kabel, sondern mittels einer Kombination aus IP – adressierten Absendern und Empfängern und kabellosen Kommunikationsmedien (GSM-basiert auf UMTS, GPRS) überwacht und gesteuert werden sollen. Damit wird ein Teil der Bahnsicherungstechnik – die Bahnkommunikationstechnik – aus der Verantwortung des Bahnbetreibers in die Verantwortung eines anderen Betreibers übergeben. Das bedarf

© Springer Fachmedien Wiesbaden 2014
M. Hellwig, V. Sypli, *Leit- und Sicherungstechnik mit drahtloser Datenübertragung,*
DOI 10.1007/978-3-658-05436-6_2

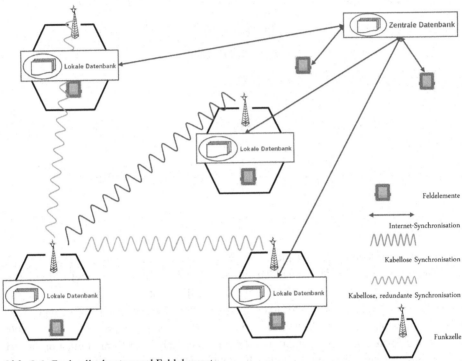

Abb. 2.1 Funkzellenknoten und Feldelemente

einer gemeinsamen Vereinbarungsgrundlage, für welche in dieser Arbeit eine qualitative Grundlage erörtert werden soll. Hintergrund dafür ist der laufende Novellierungsprozess zum Telekommunikationsgesetz [17] (TKG), insbesondere den Teil 3 betreffend: Kundenschutz § 43a Verträge. Die nachfolgend aufgeführten Ansätze beinhalten daher die Darstellung eines Kommunikationsmodells, welches den Ansprüchen der Fernüberwachung entsprechen soll.

Diese beinhalten auch die Prävention der Abwehr von Schäden durch Anwendung der Methoden der Qualitätssicherung (QoS, Quality of Service, Dienstgüte, Gütevereinbarung) in kabelloser Funkfernüberwachung weit entfernter bzw. isolierter Feldelemente der Bahn.

Über ein wie in Abb. 2.1 dargestelltes Funkzellennetzwerk sollen Feldelemente der Bahn, das sind Signalanlagen und Weichenstelleinrichtungen, welche unter dem Oberbegriff Leit- und Sicherungstechnik zusammengestellt sind, ferngestellt und überwacht werden.

Dabei liegen diese sehr weit von Zentralen entfernt. Die Entfernung ist mitunter so groß, dass die Verkabelung zwischen Feldelementen sehr teuer wird und mitunter Gefährdungen durch Vandalismus unterliegen.

Um Ausfallzeiten in zeitlich vertretbaren Rahmen zu halten, müssen zu jedem Zeitpunkt Ersatzsysteme funktionieren. Diese müssen daher auch zu jedem Zeitpunkt über den gleichen Informationsstand verfügen wie die Zentrale. Dafür zuständig sind kabellose

Kommunikationssysteme in Verbindung mit Datenbanken. Deren Synchronisation ist für einen Gleichstand der Information zwingend erforderlich. Die Überwachung über kabelgesteuerte Feldelemente, z. B. Signale, Signalgruppen, Weichengruppen und auch Oberleitungsmasttrennschalter, erfolgt heute konventionell über eine kontinuierliche Beobachtung elektrischer Ströme in Kabelverbindungen. Dabei stellen Kabelverbindungen sowohl die elektrische Energieversorgung als auch die Überwachung der Feldelemente sicher. Für dieses Verfahren liegen seit Anbeginn der Elektrik langjährige Erfahrungen – auch in der Bahnsicherungstechnik – vor. Die Verantwortung für das Gesamtsystem der Bahnsicherungstechnik liegt in den Händen des Bahnbetreibers. Eine sichere Betriebsführung, aus Sicht des Kunden verbirgt sich dahinter die dauerhafte Verfügbarkeit der Bahnsicherungstechnik auch im Störungsfall, kann für derartige Konzepte im Sinne eines Best Effort nur durch hohen betrieblichen Instandhaltungsaufwand (Personal und Zusatzkosten) gewährleistet werden. Als Träger der Überwachungsinformation funktionieren aktuelle Systeme wie z. B. GSM-R. Die Sicherstellung der Prozessfähigkeit der beteiligten Systeme als auch der Übertragungswege mit den Mitteln moderner Statistik in einer Gütevereinbarung sind daher die Kernbestandteile dieser Arbeit.

Randbedingungen

3

Vor Besprechung des Kernthemas, seien wie folgt Bedingungen aufgezeigt, die dem Verständnis der Begründung für eine Gütevereinbarung (Kap. 3.8) dienen sollen.

Aufgrund isolierter Lagen von Betriebsstellen ist der zuverlässigen Überwachung ein besonderes Augenmerk zu widmen, denn Anwendung kann eine Funkfernsteuerung in der Bahnsicherungstechnik erst dann finden, wenn die Bedingungen eines sicheren Bahnbetriebs realisiert sind. Das schließt eine sichere, prozessfähige Kommunikation mit ein. Hierbei spielt die Prävention zur Vermeidung von Fehlern, Ausfällen und Störungen (F/A/S) die dominierende Rolle.

Hinzu kommt, dass alle Feldelemente, Feldelementegruppen (Fahrwegetechnik), aber auch Übertragungssysteme und die Peripherie zunehmend jenseits der ursprünglich geplanten Lebensdauer betrieben werden sollen, denn wo dieses nicht erfolgen kann, stellen betriebliche Einschränkungen durch Alterung und Verschleiß Betreiber vor wachsende Herausforderungen in Wartung und Instandhaltung, respektive Erneuerung. In zunehmendem Maße stellen daher langfristige Vertragsbindungen hohe Qualitätsanforderungen an diese Technik.

Zusätzlich zu diesem Aspekt soll mit dieser Arbeit die Dissertation „Ein Beitrag zur ganzheitlichen Sicherheitsbetrachtung des Bahnsystems" (2) zitiert wird:

> …In DIN EN 50159-1 [DIN01b] und DIN EN 50159-2 [DIN01c] wird eine Auswahl an Maßnahmen zur Sicherung bei der Datenübertragung in Systemen, Teilsystemen und Komponenten der Bahnsicherungstechnik genannt. Dabei wird unterschieden zwischen geschlossenen (nicht öffentlichen) und offenen (öffentlichen) Netzen. Bahneigene Netze zur Übertragung sicherheitsrelevanter Informationen werden der Gruppe der geschlossenen Netze zugeordnet. Bei diesen kann von der Bekanntheit und der Überwachung der Übertragungseigenschaften sowie der Beschränkung auf autorisierte Zugriffe ausgegangen werden. Aufgrund dieser Randbedingungen sind F/A/S, die zur Verfälschung oder gar zum Verlust der Informationen führen können, auf Sicherheit im Sinne von Safety im Allgemeinen und F/A/S im Empfänger bzw. Sender, (systeminterne) Ausfälle des Übertragungskanals, (systemexterne) Störungen des Übertragungskanals durch elektrische Beeinflussung im Speziellen beschränkt….

© Springer Fachmedien Wiesbaden 2014
M. Hellwig, V. Sypli, *Leit- und Sicherungstechnik mit drahtloser Datenübertragung*,
DOI 10.1007/978-3-658-05436-6_3

Der Forschungsbeitrag bezieht sich detailliert auf den Umgang mit Ausfällen des Übertragungskanals und den (systemexternen) Störungen des Übertragungskanals, denn es ist
bisher nicht möglich, die tatsächliche Qualität einer kabellosen Verbindung zu quantifi-
zieren und damit einer objektiven Aussage zuzuführen. Das Ergebnis der Arbeit soll dazu
führen, Fehler, Ausfälle oder Störungen (F/A/S) frühzeitig aufzuspüren, um dann recht-
zeitig Gegenmaßnahmen einleiten zu können. Für Qualitätsaussagen besteht folgender
Objektivierungsbedarf, der aus folgender Thematik hergeleitet werden kann:

Das Messverfahren eines IP-Monitors sowie die Mess-Referenzpunkte werden nicht
mitgeteilt. Die Aussage ist nur, dass Voice-Traffic gegenüber Rest-Traffic priorisiert wird.
Die versprochenen QoS-Werte stellen eher Worst-Case-Werte dar.

Schließlich handelt es sich nur um die Qualität von internen Verbindungen und nicht
von Verbindungen zu Endpunkten im Internet, wobei der VoIP (Voice over IP)-Traffic
schon auf Ethernet-Basis separiert und über andere Server geführt wird. Das bedeutet,
dass der gesamte IP-Traffic gesamt als Best Effort-Traffic abgewickelt wird.

Es finden sich keinerlei statistische signifikante Aussagen zur Verbindungsqualität, von
daher ist ein Best Effort-Traffic eine Aussage ohne qualitative Festlegungen zwischen
Provider und Nutzer. In der Standardisierung existieren unterschiedlichste QoS-Mechanismen, deren Anwendung und Implementierung vollständig beschrieben sind. IP-Netze
– speziell das Internet – arbeiten aber nach dem Best Effort-Prinzip. Dies bedeutet, dass
keine speziellen Mechanismen implementiert sind, die den Datentransport innerhalb des
Netzes kontrollieren und gesicherte Ende-zu-Ende-Verbindungen ermöglichen. IP-Pakete
werden „ungesichert" ohne Flusskontrolle entsprechend der aktuell zur Verfügung stehenden Netzressourcen übertragen. Dieses Prinzip hat sich in IP-Netzen bewährt und es
wird eine ausreichende Qualität erreicht. Wenn zusätzliche QoS-Mechanismen implementiert werden sollen, bedarf es zusätzlicher Protokolle und eines zusätzlichen, administra-
tiven Aufwandes in den Endpunkten der Verbindungen. In den IP-Netzen selbst sind aber
keine speziellen QoS-Mechanismen implementiert. Die QoS wird dadurch „realisiert",
dass die Netze ingenieursmäßig vernünftig geplant werden (Bereitstellung ausreichender
Netzkapazitäten) und dass man sich darauf verlässt, dass die angeschlossenen fremden
Netze ebenso vernünftig geplant werden. Dies funktioniert im Internet so gut, dass sich
der Aufwand für zusätzliche QoS-Mechanismen nicht lohnt. Best Effort bedeutet schließlich, dass man sich maximale Mühe gibt. Das funktioniert in Festnetzen sehr gut, da dort
Übertragungskapazitäten sehr billig sind und aufgrund der Glasfaser-Technologie nahezu
unbegrenzt zur Verfügung stehen (nicht so bei Funknetzen für die Belange der Eisenbahn,
denn diese sind derzeitig technologiebedingt Mangelsysteme (aufgrund der nur begrenzt
zur Verfügung stehenden Frequenzbänder), die sehr schnell an ihre Grenzen stoßen).

Leider liegen für diesen Beitrag nur die im Literatur- und Quellenverzeichnis aufgeführten Dokumente vor, was diese Arbeit besonders erschwert. Auch standen für die
statistische Bearbeitung keine brauchbaren Daten zur Verfügung, sodass die Verfasser

angewiesen war, bestehende Möglichkeiten zu nutzen. Dazu gehören die beschränkten Möglichkeiten, welche die Standard-DOS-Programme bieten.

3.1   Grundlegendes Gedankenexperiment zur Erhebung von QoS-relevanter Information

Zentrales Problem ist die Überwachung der Übertragungsqualität zwischen Stellwerk und dem Zugang zu einem Breitbandnetz und zu Feldelementen über ein Breitbandnetz Dies Überwachung ist zwingend erforderlich, um F/A/S sehr früh zu detektieren (Prävention) und bei Feststellung derselben Prozesse einzuleiten, welche letztlich dazu führen, dass das System wieder funktioniert. Damit gemeint ist das Umschalten auf redundante Datenbanken (siehe Abb. 2.1) oder das Einleiten eines gesicherten Zustands.

Hierzu ist Folgendes zu anzumerken: Es ist die Kommunikation auf den höheren Ebenen des OSI-Referenzmodells für eine sogenannte Ende-zu-Ende-Verbindung des Übertragungssystems zwischen Stellwerk-Feldelement notwendig, mindestens aber OSI Layer 4 (OSI-Referenzmodell, siehe Anhang), je nach betrachtetem Prozess auch höher.

Es muss daher überprüft werden, ob der Übertragungskanal des Systems zur Verfügung steht. Bei paketvermittelnden Netzen soll entweder in den Endsystemen ein autarker Prüfmechanismus installiert werden, der den tatsächlichen Nutzverkehr beobachtet oder es sollten definierte Prüfpakete in definierten, zeitlichen Abständen geschickt werden, um die QoS zu überwachen. Im Grunde läuft es auf eine Kanalprüfung auf OSI Layer 4 hinaus.

Es soll also aus dem System in Erfahrung gebracht werden, ob eine Ende-zu-Ende-Kommunikation möglich ist und sich das System damit in einem betriebsbereiten Zustand befindet. Stichproben mittels Standardprogrammen auf DOS-Ebene mit den Befehlen „ping" und „tracert", wie sie im weiteren Verlauf beschrieben werden, mögen in dieser Arbeit zunächst ausreichen, um die grundsätzliche Prozessfähigkeit zu beurteilen.

Geprüft werden muss die Funktionalität der bidirektionalen Kommunikationsfähigkeit eines Kanals und eines laufenden Systems dadurch, dass jedes Paket und jede Antwortzeit als Stichproben angesehen werden. Wenngleich es möglich ist, mittels der vor genannten DOS Befehle Rückschluss auf die Qualität einer Ende-zu-Ende Verbindung über ein Breitbandnetz zu schließen, kann die Lebendigkeit der beschriebenen Datenbanken über diesen Weg nicht festgestellt werden.

Der Nachweis hierüber muss über den Synchronisationsprozess laufen, der in Kap. 3.9 dargestellt ist. Entscheidender Faktor, wie im Verlauf der Arbeit gezeigt werden soll, ist die laufende Bewertung der Verfügbarkeit A% (Availability) durch Beobachtung der Prozessfähigkeit. Für alle Systeme, die in guter Prozessfähigkeit bleiben sollen, doch abhängig von Reparaturen oder Austausch von Komponenten sind, gilt die Prämisse:

Strebt die Prozessfähigkeit gegen 1, strebt die Reparaturzeitspanne MTTR gegen 0.

Definitionen zu den Ursachen von Beeinträchtigungen wurden von Dr.-Ing. Enrico Anders (TU Dresden) wie folgt aufgeführt:

3.2 „Ein Beitrag zur ganzheitlichen Sicherheitsbetrachtung des Bahnsystems"

...Aus der Fülle an Definitionen der Begriffe Fehler, Ausfall und Störung in nationalen und internationalen Regelwerken wurden vom Autor die nachfolgenden drei Definitionen als Basis für die weiteren Ausführungen gewählt, da diese den Kern der jeweiligen, oben vorgeschlagenen Bedeutung treffen und eine sinnvolle Abgrenzung untereinander erlauben:

Fehler: Unzulässige Nichtübereinstimmung eines bestimmten Istmerkmals mit dem Soll in einer Betrachtungseinheit [DIN90a]

Ausfall: Verletzung mindestens eines Ausfallkriteriums bei einer zu Beanspruchungsbeginn als fehlerfrei angesehenen Betrachtungseinheit [DIN90a]

Störung: Verhindern oder Beeinträchtigen einer oder mehrerer Systemfunktionen durch äußere Einwirkungen auf das System [DIN90a]

Während Fehler einerseits in den frühen Phasen vornehmlich als zufällige oder systematische menschliche Fehler in Form von Design- bzw. Herstellungsfehlern und andererseits während des Betriebes und der Instandhaltung in Form von Bedienungs- bzw. Instandhaltungsfehlern auftreten, erfolgen Ausfälle durch den Übergang vom fehlerfreien in den fehlerhaften Zustand nach Inbetriebnahme des Systems, also während der Betriebsphase....

Hier ergänzt der Autor des vorliegenden Beitrags den Begriff „Ausfall" um den des Driftausfalls, wenn es um „schleichende" Abweichungen zu einer definierten Qualität geht.

Zu den bekannten Ursachen für Driftausfälle an Komponenten gehören beispielsweise:

- Akkumulator: nachlassende Kapazität durch Materialalterung,
- Elektrische Leitungen: Haarrisse durch Materialschwund,
- Speicherkapazität Festplatte: verstreute Dateien,
- Leuchtmittel: Verschleiß durch Verdampfen der Glühfäden,
- Relaiskontakte: Verschleiß durch Plasmafunken,
- Lüfter: Überhitzung durch Zusetzen der Filter durch Staub,
- Datenbanken: Sperrung von Dateien durch Deadlocks,
- Stromversorgung: Überlastung durch Zunahme von Verbrauchern.

Ereignisse dieser Art werden durch objektive Prüfungen detektiert und sind vor allem in der Produktion zu finden.

Was diese Arbeit betrifft, sind es Daten aus dem Bereich der Telekommunikation, welche der Detektion dienen. Sie werden durch Messvorgänge erfasst und mit den Methoden des Qualitätsmanagements ausgewertet. Die Fortsetzung des Zitats von Dr.-Ing. Enrico Anders stößt auf den Kern der Dinge:

...Werden zudem eine oder mehrere Systemfunktionen durch äußere Einwirkungen auf das System verhindert oder beeinträchtigt, so handelt es sich um eine Störung.

Diese kann zu jeder Phase des Lebenszyklus auf das System einwirken, deren Auswirkung offenbart sich allerdings nur während der Betriebsphase. Störungen weisen damit Ähnlichkeiten zu Ausfällen auf. Insbesondere den während der Betriebsphase auftretenden Ausfällen von Komponenten, durch Instandhaltungsmaßnahmen entstehenden Fehlern und durch äußere Einflüsse hervorgerufenen Störungen muss durch das Systemdesign (z. B. Dimensionierung) bzw. geeignete Schutzmaßnahmen (z. B. Redundanz) entgegengewirkt werden.

Dabei müssen die Forderungen hinsichtlich der Sicherheit und der Verfügbarkeit des Systems erfüllt und im Rahmen des Sicherheitsnachweises dargelegt werden....

Auch andere wichtige Gründe spielen dafür, dass weit entfernte Stellwerke und Betriebsstellen kabellos überwacht werden sollten, eine Rolle, beispielsweise die Zerstörung von Anlagen durch Vandalismus.

3.3 Vandalismus

Wie in den Abb. 3.1 und 3.2 aufgeführt, nehmen Aktivitäten mit Zerstörungsfolgen auf Anlagen der Bahnseite 2005 zu. Dies belegen statistische Auszüge aus dem „Lagebild 2006 zum Diebstahl von Eisen und Buntmetallen der Bundespolizeidirektion Sachbereich 11: Koblenz":

...Buntmetalldiebstähle verursachten im Jahr 2006 Verspätungen von ca. 1300 h. Damit standen ca. 17 % der durch Eingriffe in den Bahnverkehr verursachten Verspätungen im Zusammenhang mit Buntmetalldiebstählen. Betroffen von Folgemaßnahmen waren insgesamt ca. 3000 Züge. 73 Vorfälle führten zu Gleissperrungen.
Durch die zunehmende Verlagerung der Diebstähle an in Betrieb befindlichen Gleisanlagen entstanden eine Vielzahl von Gefahrensituationen und Betriebsbeeinträchtigungen. So wurden im Bereich des Bundespolizeiamtes Halle vermehrt Mastrückankerseile entwendet. Dies führte im weiteren Verlauf zu massiven Beschädigungen an den Oberleitungen. Auf Grund der räumlichen Ausdehnung der Bahnanlagen ist eine Eingrenzung der möglichen Tatorte im Vorfeld kaum möglich.
Eine effiziente Überwachung der Tatorte durch Polizeikräfte ist daher nicht realisierbar. Erschwerend kommt hinzu, dass die Täter meist aus dem näheren Umfeld der Tatorte stammen und über detaillierte Ortskenntnisse verfügen.

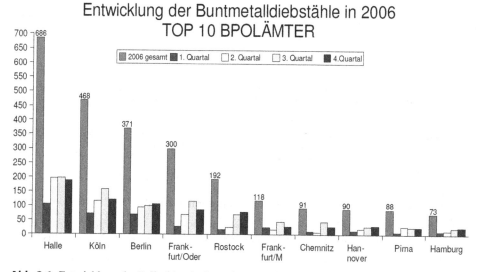

Abb. 3.1 Entwicklung der Fallzahlen in den zehn am stärksten betroffenen Polizeiämtern

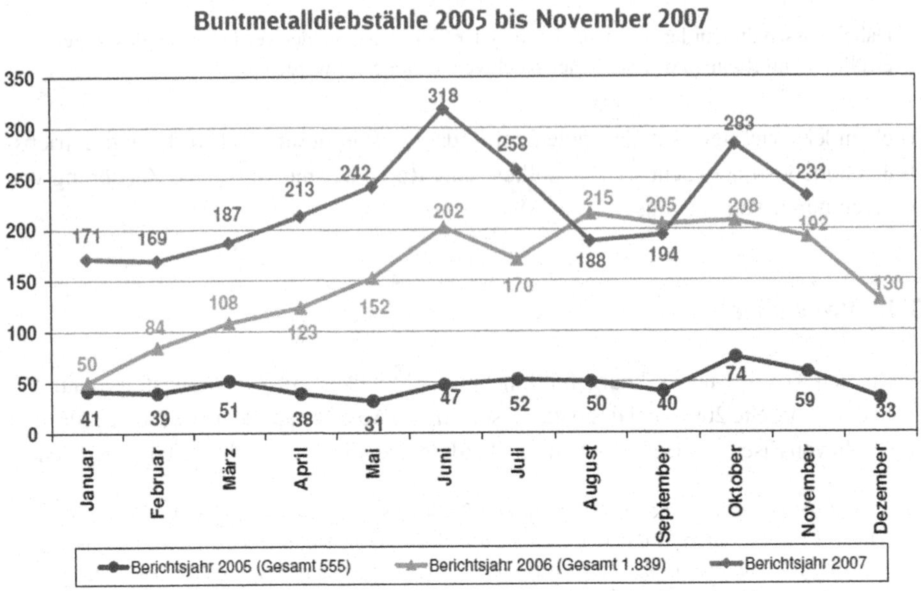

Buntmetalldiebstähle 2005 bis November 2007

Abb. 3.2 Verteilung der entwendeten Buntmetalle nach Art der Verwendung

Die o. g. Verschiebung der Tatorte und der angegriffenen Strecken spiegelt sich auch bei den Tatobjekten wider. So verdreifachte sich der Anteil der entwendeten Erdungskabel von 22 auf 66 %, während der Anteil der entwendeten Schienen von 12 % im Jahr 2005 auf 8 % im Berichtszeitraum sank....

Das Schadensrisiko aus dem zuvor beschriebenem Vandalismus, Diebstahl und den Attacken auf langen, nicht überwachten, kabelgeführten Bahneinrichtungen, die beispielsweise zu isolierten Bahnhöfen oder Überholstellen und verwandten Anlagen führen, ist demnach nicht unerheblich und soll mit dem Einsatz von digitalen, fernwirkenden Systemen – eben durch Entfall von Kabeln entlang der Strecken zwischen Stellwerken und Feldelementen – gesenkt werden.

3.4   Identifikation von Fragen zur QoS

Bei allen Überlegungen, die zunächst dafür sprechen, kabellose Systeme als Ersatz für Kabelsysteme einzuführen, bleiben Fragen, die sich sowohl dem Provider, als auch dem Nutzer stellen. Diese sind:

- Wann muss damit gerechnet werden, dass Systeme ausfallen?
- Wie lange dauert es, bis der Ausfall beseitigt ist?
- Kann man frühzeitig feststellen, dass Systeme (Router/Server/Datenbanken) ausfallen werden?

Auch ein Auszug aus dem Richtlinienwerk der DB, Ril 892, zeigt exemplarische Frage-stellungen:

- Wird der Stellstrom nach 9 s abgeschaltet, wenn eine Weiche nicht in die Endlage kommt?
- Sind nach Netzausfall alle drei Rechner wieder gestartet und wird die Netzausfallmel-dung an der LZB-Bedieneinrichtung ausgegeben?
- Liegt die Versorgungsspannung innerhalb der Toleranzen?

Einige Fragen können Hersteller von Fernüberwachungsanlagen derzeitig mit System-leistungen beantworten, z. B.:

- Fehlerdiagnose,
- Fehlerbeseitigung,
- Einleitung präventiver Wartungsmaßnahmen,
- Erfassung von Ereignissen in Datenbanken,
- Folgefehlerbeseitigung.

In allen aufgeführten Positionen ist die Abhängigkeit von der Leistungsfähigkeit der Übertragungswege in einem Kommunikationsnetz von ausschlaggebender Bedeutung. Die Angebote von Überwachungssystemen beschränken sich in den zuvor genannten Bei-spielen auf jeweils das im eigenen Hause entwickelte System. Die Berücksichtigung von Fremdleistungen – wie die Nutzung eines GSM – wird vernachlässigt.

Dabei ist doch die Qualität eines Netzes überhaupt Voraussetzung dafür, dass sie er-füllt werden können. Das betrifft insbesondere die Folgefehlerbeseitigung, welche so weit wie möglich vermieden werden soll. In verschärftem Maße trifft dieses für eine Bahn-sicherungstechnik zu. Insofern fehlen die Möglichkeiten zu objektiver Bewertung des qualitativen Zustands der Übertragungstechnik zu einem beliebigen Zeitpunkt, damit vor Eintreten von F/A/S das Einschreiten zur Vermeidung von Schäden und Folgeschäden ermöglicht wird.

3.5 Gegenüberstellung Kabelsteuerung – kabellose Fernsteuerung

Der Ersatz von Kabelsteuerung soll dann gerechtfertigt sein, wenn große Entfernungen zwischen Zentralen und Feldelementen den Mengeneinsatz der Verkabelung, nebst dem Aufwand zu Wartung und Instandhaltung, als auch den Überwachungsaufwand einen Ver-gleich zu einer kabellosen Einrichtung notwendig erscheinen lässt.

Ein Beispiel hierfür könnte eine Eisenbahnverkehrsstrecke sein, bei der ein großer Teil der Strecke durch unerschlossenes Gebiet führt und daher der Einsatz neuer, kabelloser Bahnsicherungstechnik für isoliert liegende Bahnhöfe, Überholstellen, Anschlussstellen – auch unter dem Einfluss von Vandalismus – überlegenswert erscheint. Die Veränd-

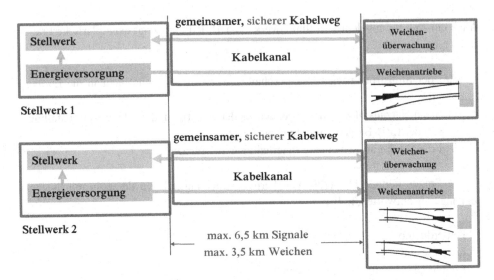

Abb. 3.3 Direkte Kabelverbindung

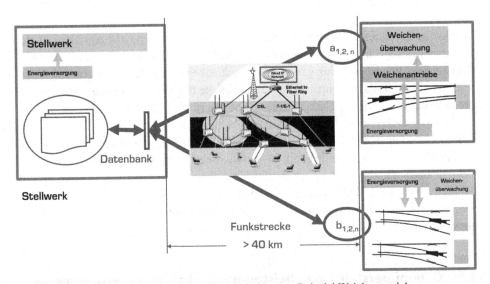

Abb. 3.4 Indirekte, netzknotenbasierte Funkverbindung am Beispiel Weichenantriebe

rung der Überwachung der Systeme schlägt sich hauptsächlich in der Unterschiedlichkeit zwischen den Übertragungswegen – direkte Kabelverbindung (Abb. 3.3) bzw. indirekte, netzknotenbasierte Funkverbindung (Abb. 3.4) – nieder.

Eine veränderte Art der Überwachung und Steuerung bedingt auch veränderter Mittel und Methoden zur Erfüllung der Leistung. So ist in einer Kabelverbindung die Über-wachung sowohl der Verbindungsgüte eines Kommunikationskanals, als auch die Funk-tionsgüte des Feldelements erst dadurch nahezu in Echtzeit kontinuierlich möglich, wenn

Abb. 3.5 Funkverbindung
ohne Bindung der Stellwerkstechnik (konventionelles Stellwerk mit Unterstellwerk) an
den Streckenverlauf überstrahlt
eine Fläche

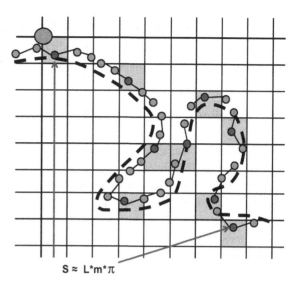

$$S \approx L*m*\pi$$

F/A/S ohne Zeitverzögerung detektiert werden können. Im Sinne einer Qualitätsprüfung kommt dieses einer kontinuierlich beobachteten Prüfung gleich.

Eine Kabelverbindung ist allerdings – hauptsächlich bedingt durch den Leitungswiderstand entlang der Strecke – auf ca. 13 km begrenzt (Glasfaser erlauben bis zu mehrere 100 km, die DB AG steuert z. B. von der Betriebszentrale Leipzig aus große Anteile des Ostens von Eisenach bis Görlitz). Diese Entfernung definiert damit auch die Stellweite der meisten der aktuell kabelgeführten Systeme. Die Übertragung zwischen einem konventionellen Stellwerk und einer Unterzentrale erfolgt entweder über separate Kabel oder über öffentliche Netze. Dabei spielt das Medium (Kupferleitung, Lichtwellenleiter (LWL) oder Mobilfunk) insofern eine Rolle, als dass die Ausfallwahrscheinlichkeiten unterschiedlich hoch sind.

Auch ein weiterer Aspekt spricht für kabellose Überwachungs- und Stelleinrichtungen. Die Grenze einer kabellosen Funkverbindung (engl. wiesels) ohne Bindung der Stellwerkstechnik an den Streckenverlauf übersteigt die konventionelle Stellweite bei weitem und ermöglicht nicht nur die Fernsteuerung von Feldelementen entlang einer Strecke, sondern auch über die Fläche (Abb. 3.5).

Bedingt durch die um ein Vielfaches erweiterte Stellweite – sie beträgt bei mit Strecken (S) mit m Mäandern gemäß Gl. 3.1 ungefähr das π-fache der Länge der Reichweite (L) -

$$S \approx L * m * \pi \qquad (3.1)$$

- gewinnt ein derart ausgeprägtes System dadurch, dass nicht nur Kabeleinsparungen, sondern dass möglicherweise auch durch die Verringerung der Anzahl von Unterstellwerken Einsparungen möglich sind. Durch die Entkoppelung von festen, kabelorientierten Strukturen und die Hinführung zu Strukturen in Weitbereichsnetzen wird es sinnvoll sein, auch rollenbasiertes, datenbankkontrolliertes Steuern einzuführen. Dadurch ergibt sich die Möglichkeit des Übernehmens der Stellfunktionen an der Außenanlage durch benachbarte Stellwerke, sollte eines gestört sein.

3.6   Kabellose, datenbankgestützte Fernsteuerung

Hierauf basiert das Gedankenexperiment eines standortunabhängigen, relational verknüpften Stellwerks als Teil einer Client-Server-Architektur mit fernzusteuernden Elementegruppen oder Elementen. Ein relationales, rollenbasiertes Datenbanksystem in Verbindung mit kabellosen Übertragungswegen (Wired IP Network, Abb. 3.6) erlaubt die Zuweisung von beliebigen Elementen der Außenanlage und deren Steuerung zu beliebigen Stellwerken.

Das heißt, dass im Fall eines Ausfalls eines Stellwerks das Nachbarstellwerk dessen Funktion übernehmen kann, sofern es in dessen Funkradius bzw. Erreichbarkeit liegt. Bedingung hierfür ist allerdings, dass radikale Eingriffe in die Beschaffenheit der aktuellen Stellwerkstechnik erfolgen.

Die Überwachungen der Verbindungen, als auch möglicherweise von Feldelementegruppen unter einer IP-Adresse, erfolgt dann allerdings nicht mehr mit kontinuierlicher Beobachtungsmöglichkeit, sondern, bedingt durch den Einsatz digitaler Information (Paketversand über ein Verteilersystem), sondern in zeitlich festgelegten in zeitlichen Abständen.

Die Güte des Versands als auch die Güte der Funktion der Feldelemente kann daher nur stichprobenartig unter Begutachtung diskreter Paketgrößen durchgeführt werden.

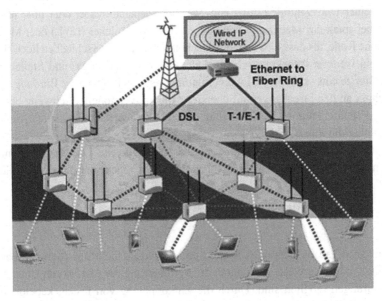

Abb. 3.6 Kabelloses IP-Netzwerk

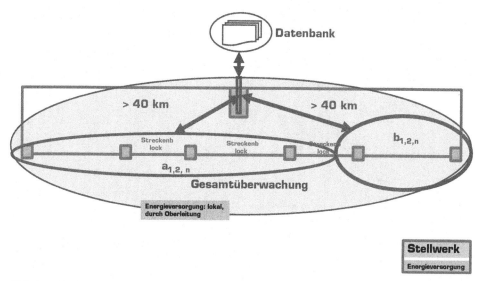

Abb. 3.7 Gesamtüberwachung Fall 1 Feldelemente

Zieht man einen vorläufigen Schluss aus dem Vergleich von kabelgeführten und kabellosen, datenbankgesteuerten Systemen, so offenbart sich für die Feldelementesignaltechnik die Möglichkeit der Umstrukturierung dahingehend, dass die Kommunikation zwischen Zentralen (Stellwerken) über Router-Host-Systeme flexibel gestaltet werden kann. Dadurch soll ermöglicht werden, dass Stellwerks- oder Feldelementausfälle, sofern sie detektiert sind, sehr schnell durch Nachbarstellwerke (Redundanzen) „geheilt" werden.

Ermöglicht wird dieses durch rollenbasierte, datenbankgestützte Netzstrukturen, über die Stellberechtigungen und Fahrdienstfunktionen aus einer zentralen Datenbank. Die Stellwerksfunktionen sollen flexibel von einem Stellwerk auf ein anderes umgeschaltet werden können, wie es in den nachfolgenden Abb. 3.7 und 3.8 skizziert ist. Derart konzipiert sollen weit von Zentralen entfernte Betriebsstellen gesamthaft zuverlässig funktionieren.

Entscheidend allerdings für das rechtzeitige Umschalten auf Redundanzen ist die Offenbarung von F/A/S in einem Stellwerkssystem.

3.7 Bedingungen zur frühzeitigen Entdeckung von F/A/S

Eine Offenbarung von F/A/S ist nur dann möglich, wenn entsprechende Messergebnisse aus dem Übertragungssystem zur Verfügung stehen. Im Gegensatz zum konventionellen System, bei dem die Lebendigkeit als auch das F/A/S-Verhalten des Systems über Prüfströme kontinuierlich analog überwacht und erkannt werden, können diese in einem Funk-Übertragungsweg nur über digitale Information „paketweise", in zeitlichen Abständen über Stichproben überwacht werden.

Sowohl im analogen als auch im digitalen Eintrittsfall eines F/A/S muss die Überleitung in einen sicheren Zustand und in eine Rückfallebene erfolgen, denn die Fortführung

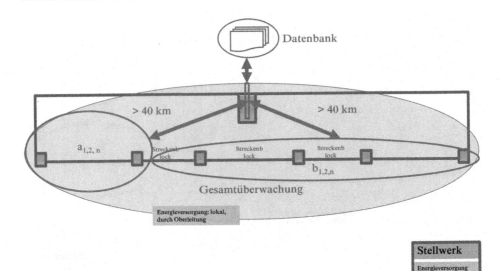

Abb. 3.8 Gesamtüberwachung Fall 2 Feldelemente

der Funktion muss in einer verträglichen Zeitspanne wieder möglich sein. Dieser Fakt
steht unmittelbar mit der Qualität für Übertragungsdienstleistungen auch Güte der Übertragung genannt, für digitale Systeme im folgerichtigen Zusammenhang. Die Reaktionszeit bis zum Erreichen eines sicheren Zustands ist gemäß (9) EN 50129:

...die Zeitspanne, die mit dem Entdecken eines Ausfalls beginnt und mit der Einnahme eines
sicheren Zustandes endet...

Daraus folgt:

...Soll ein F/A/S innerhalb eines Zeitraums $\Delta t_{prüf}$ erkannt werden, darf dieser den Zeitraum
Offenbarungszeit Δt_{offen} + Reaktionszeit Δt_{reakt} nicht überschreiten...

Diese Forderung lässt sich mathematisch in Gl. 3.2 folgendermaßen ausdrücken:

$$\Delta t\ prüf < \Delta t\ offen + \Delta t\ reakt \tag{3.2}$$

F/A/S müssen innerhalb der Zeitspanne $\Delta t_{prüf}$ detektiert werden, da sonst die Überleitung in einen sicheren Zustand nicht vollzogen werden kann. Damit ist die kontinuierliche
Qualitätsüberwachung über Stichprobenentnahmen Voraussetzung für eine sichere Übertragungsleistung.

Ein dauerhaft wirkendes Stichprobensystem muss innerhalb der Zeitspanne $\Delta t_{prüf}$ die
Übertragungsqualität überprüft haben und im Unterschreitungsfall, als Reaktion darauf,
den Übergang in einen sicheren Zustand (fail–save, (Abb. 3.9) oder das Umschalten auf
eine Redundanz veranlassen. Der sichere Zustand ist derjenige Zustand, der vor der Offen-

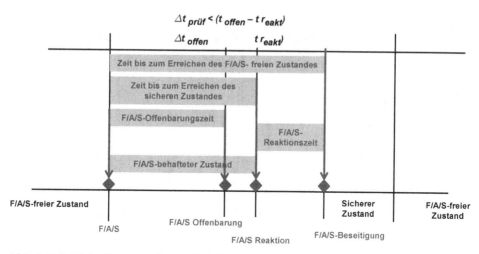

Abb. 3.9 Zeitliche Zusammenhänge der F/A/S-Offenbarung. (Bildrechte: Zeitliche Zusammenhänge der F/A/S-Offenbarung, Enrico Anders, Ein Beitrag zur ganzheitlichen Sicherheitsbetrachtung des Bahnsystems, 29. Februar 2008)

barung von F/A/S in den Datenbanken vorgelegen hatte. Daher muss jeder der beteiligten Router/Server in den ursprünglichen Zustand rückversetzt und das Gesamtsystem synchronisiert werden.

3.8   Randbedingungen für eine Gütevereinbarung

Ein erfolgreicher Betrieb des Systems hängt einerseits von der Güte der Verbindung des Übertragungskanals, andererseits von der Güte der Funktion der zusammenwirkenden Geräte ab. Weder die eine noch die andere Güte kann, aufgrund des nicht in allen Details vorhersehbaren Verhaltens der Komponenten in einem Netzwerk, kontinuierlich beobachtet und geprüft werden. Insofern ist der Erfolg immer mit einem Anteil an Misserfolg verknüpft. Er äußert sich darin, dass Geräte eben nicht immer mit 100 % iger Funktionsfähigkeit über die Zeit arbeiten. Sie sind mit einem Versagenspotenzial behaftet, welches das Risiko eines Schadensereignisses beinhaltet.

Kann Versagen allerdings frühzeitig innerhalb $\Delta t_{prüf}$ erkannt werden, so kann Schaden möglicherweise gänzlich oder teilweise vermieden werden. Dazu bedarf es den Einsatz von geeigneten Mitteln und Methoden, wie sie in der Prädiagnostik (Früherkennung) bekannt sind.

Eine diskontinuierliche Überwachung über ein Weitbereichsnetz wie z. B. GSM-R bedingt einer Gütevereinbarung für das Übertragungssystem zwischen Betreiber des Netzes und dem Kunden als Nutzer, da in einem solchen System a priori davon nicht ausgegangen werden kann, dass F/A/S in gleicher Weise detektiert und behandelt werden können, wie in einem kabelgeführten System. Die Ursache dafür liegt in der Unbestimmtheit, wann und wie und in welcher Kombination F/A/S innerhalb $\Delta t_{prüf}$ auftreten. Dieses ist dadurch begründet, dass Information, sei sie aus dem Kommunikationskanal oder dem Feldele-

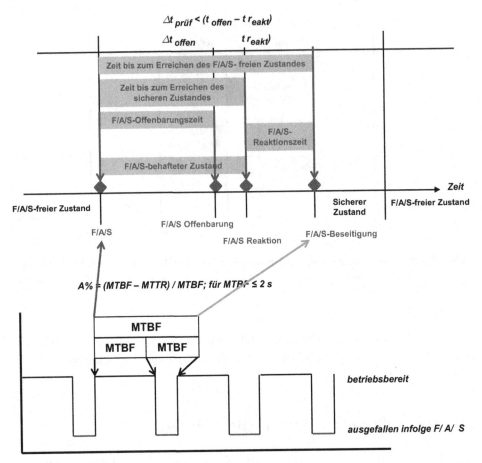

Abb. 3.10 Ausfallzeit

ment, durch eine Vielzahl von Teilsystemen an ihrem Fortkommen zwischen Quelle und Ziel gehindert und in ihrer Konsistenz geschwächt wird. Daher besteht die Auffassung, dass in einem solchen Netz das Prinzip des „wahrscheinlichen Fehlers" regiert.

Zudem besteht die Notwendigkeit, dass die Verfügbarkeit (A%) als Abhängige aus mittlerer, ausfallfreier Gesamtbetriebszeit (MTBF, Mean Time Between Failures) und mittlerer Zeit zur Wiederherstellung (MTTR, Mean Time To Repair, Gl. 3.3) nach einem Ausfall eines Systems von derartiger Qualität sein muss, dass eine MTBF kleiner als 2 s gesichert ist (Annahme gemäß (11) VdS Richtlinie 2463: 2007–2008 (03)). Ansonsten kann innerhalb dieser Zeitspanne keine Störmeldung übertragen werden:

$$A\% = (MTBF - MTTR)\,/\,MTBF, \text{ für } MTBF\,0 \le 2\,s. \tag{3.3}$$

Es ist die Zeitspanne, bis zu dem das System innerhalb eines vereinbarten Zeitrahmens nach Ausfall wieder verfügbar sein soll. Hier besteht ein Zusammenhang zu vorangegangenem Kapitel, welcher in Abb. 3.10 veranschaulicht wird.

Es muss das Ziel sowohl des Providers als auch des Betreibers sein, den Informations-
prozess derart zu beherrschen, dass das Risiko eines Schadens aus möglichen F/A/S so
gering wie möglich ausfällt. Dazu ist die Früherkennung ein probates Mittel, denn als
Methode eingesetzt, bedient sie sich nicht nur der Aufdeckung fehlerhafter Paketüber-
mittlungen, sondern auch der Prüfung der aus Stichproben ermittelter Merkmalswerte des
Übertragungsprozesses. Je früher in einem Übertragungssystem F/A/S detektiert werden,
desto früher können Maßnahmen ergriffen werden, welche Schäden vollständig vermeiden oder einschränken könnten. Im folgenden Kapitel wird eine Methode beschrieben,
welche dieser Erkenntnis Rechnung tragen soll.

3.9   Umsetzung einer Gütevereinbarung durch synchronisierende Datenbanken

Ein kabelloses System „mit offenem Kanal" (6) gilt als Synonym für eine Funkfernwirk-
strecke. Es besteht aus elektronischen Schnittstellensystemen und Sende- und Empfangs-
anlagen auf Stellwerks- und Außenanlagenseite. Abb. 3.11 stellt auszugweise eine Reihenfolge der Abarbeitung der Überwachungsschritte dar, die notwendig sind, um zu gewährleisten, dass eine Weiche, einschließlich aller elektrotechnischen Elemente in einen
ordnungsgemäßen, betriebstechnisch sicheren Zustand versetzt wird.

Ein fail-save-Zustand wird dadurch unterstützt, dass jegliche Information vom Stellwerk an Feldelemente in synchronisierten Datensätzen in einer jeweiligen Datenbank gespeichert und quittiert wird. Erst nach Quittierung des Abschlusses eines Übertragungsvor-
gangs auf Sender- als auch auf Empfängerseite ist dieser auch tatsächlich abgeschlossen.

Das darin verborgene Prinzip des „Einschreibens mit Rückschein (Quittung)" wird
hiermit zum Grundprinzip eines dokumentierten Informationsflusses zwischen Infor-
mationsquellen und –senken und damit ein wichtiger Baustein für die QoS. Gemäß EN
50159-2:2001, 6.3.5.1 Einleitung, Absatz 1 wird gefordert:

> …Dort wo ein geeigneter Übertragungskanal verfügbar ist, kann eine Rücknachricht vom
> Empfänger der sicherheitskritischen Information an den Sender gesendet werden.…

In dargestelltem Beispielsystem, Abb. 3.12 wurde die Rücknachricht nicht als Kann-Be-
dingung, sondern als Pflicht-Bedingung technisch umgesetzt. In diesem Beitrag soll ersichtlich werden, dass, entgegen der unter EN 50159-2:2001, 6.3.5.2 genannten Anforderungen ein Rückkanal zwingend notwendig ist:

> …Die Existenz eines Rückkanals verhilft nicht von sich heraus zu einer Schutzmaßnahme
> gegen irgendeine identifizierte Bedrohung.… Deswegen gibt es keine spezifischen Sicher-
> heitsanforderungen für einen solchen Rückkanal.…

Ein solcher Rückkanal, als Bestandteil der Systemarchitektur, kann daher sehr wohl zur
Güte der Verbindung beitragen, wenn auch nicht gegen irgendeine identifizierte Bedro-
hung – das kann auch nicht der Hinkanal.

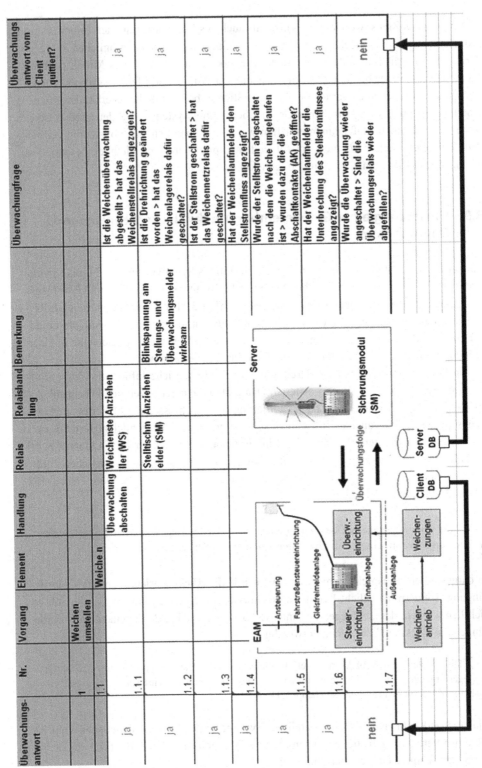

Abb. 3.11 Synchronisation von Client und Server

3.10   Beherrschte Prozesse als Sicherung von Gütevereinbarungen

Produkte und Dienstleistungen, die aus Fertigungsprozessen hervorgehen, unterliegen Qualitätsanforderungen, welche in der Regel vertraglich zwischen Abnehmer und Lieferant, zwischen Kunde und Provider, fixiert sind. Ein beherrschter Prozess ist dadurch bestimmt, dass sich die Parameter der Merkmalswerte des Prozesses (Mittelwert, Standardabweichung) praktisch nicht oder nur in bekannter Weise oder in bekannten Grenzen ändern.

Ein beherrschter Prozess unterliegt statistischer Kontrolle. Nur wenn alle Fertigungsprozesse beherrscht sind und deshalb kontinuierlich bestätigt wird, dass sie fähig sind, die geforderte Güte zu liefern, kann ein Lieferant sicher sein, dass das Risiko, fehlerhafte Produkte – das sind in diesem Fall fehlerhafte Informationspakete – zu liefern, gegen null strebt und dass er damit seinen vertraglichen Bindungen entspricht. Gleiche Prinzipien mögen für Bahntelekommunikationssysteme gelten.

Zur Beobachtung, Auswertung und Einflussnahme auf Prozesse werden Methoden der Statistischen Prozesskontrolle (Statistical Process Control, SPC) angewandt, welche die wichtige Aufgabe erfüllen, zu einem möglichst frühen Zeitpunkt auf zu erwartende, signifikante Änderungen der Übertragungsgüte hinzuweisen und gegebenenfalls derart zu reagieren oder etwas zu veranlassen, dass ein Prozess wieder fähig ist, seine Leistungen zu erbringen. In artverwandter Weise soll auch der Betreiber eines Weitbereichsnetzes für ein Bahnnetz in die Lage versetzt werden, die Einhaltung der Güte aller Kommunikationsprozesse kontinuierlich gewährleisten zu können.

Wie hochkomplex die Kommunikationsprozesse ablaufen, kann nur vermutet werden, betrachtet man die hier auszugweise (21) Darstellung eines GSM-R-Netzes der Deutschen Bahn in Abb. 3.12.

Ein ausgesprochen komplexes Bahnkommunikationsnetzwerk aus Routern und Übertragungskanälen muss sicherstellen, dass Information sicher übertragen wird. Die geforderte Sicherheit kann durch zuverlässige Systeme erbracht werden, insofern ist Zuverlässigkeit gleichzusetzen mit Prozessfähigkeit und damit immer ein Teil der Sicherheit. Damit wird unterstellt, dass sich Bahntelekommunikationssysteme auf Prozessfähigkeit prüfen lassen müssen, sollen sie über einen langen Zeitraum betrieben werden. Das Bild der vernetzten Struktur führt vor Augen, wie differenziert digitale, paketweise Kommunikation über eine Anzahl von Netzknoten hinweg betrachtet werden muss.

Im Grunde ist daraus zu folgern, dass jedes Element, das sind Knoten und Kanten (damit ist der funktechnische Übertragungsweg gemeint) prozessfähig sein soll. In einer großen Anzahl von Knoten und Kanten kann allerdings nicht ausgeschlossen werden, dass Elemente spontan oder verschleißbedingt ausfallen. Daher bilden zuverlässige Ersatzsysteme, auch redundante Systeme genannt, einen beachtlichen Teil der Prozessfähigkeit und damit der Sicherheit des Gesamtsystems.

Alle beschriebenen Teilsysteme unterliegen – soll das Kommunikationssystem dauerhaft und robust funktionieren – Qualitätsanforderungen, die unter einem gemeinsamen Nenner niedergelegt sind, und zwar der Qualitätsgüte (eng. Quality of Service, QoS), welche in einer Vereinbarung zwischen Betreiber und Nutzer, einer Dienstgütevereinbarung (engl. Service Level Agreement, SLA), fixiert ist.

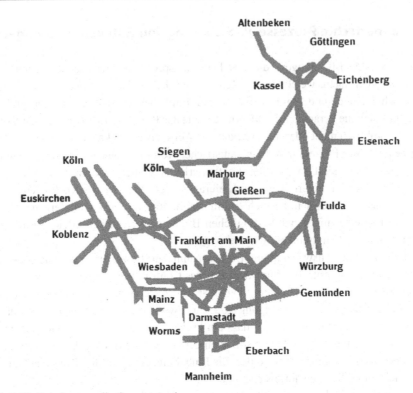

Abb. 3.12 Bahnkommunikationsnetzwerk

Dieses erläutert auch das (18) Datenschutzlexikon zur Dienstgütevereinbarung:

…In einem SLA sollten unter anderem folgende Aspekte verbindlich vereinbart werden: funktionelle Spezifikation der Dienstleistung (Dienstfestlegung, Service Level, QoS-Parameter, Technik, garantierte Lieferzeit usw.), Kosten- und Leistungsverrechnung), Netz- bzw. Dienstverfügbarkeit (z. B. prozentuale Verfügbarkeit, Zuverlässigkeit der Übertragung), Spezifikation der Dienstüberwachung (Festlegung von Messstellen, Messgrößen und Messtechnik, Wartungsfenster, Art des Nachweises der festgelegten Verfügbarkeit, Art der Information im Störungsfall, Art der Protokollierung der Störungen und Ausfälle, maximale Wartezeit auf Störungsbehebung), Festlegen der Reaktionen auf Veränderungen von SLA-Elementen: Information über Wartung und ihre Auswirkungen auf die vereinbarte Dienstleistung, Strafen bei der Nichterfüllung des SLA: Wann werden Strafzahlungen erhoben? Höhe des Strafgeldes in Form von Rückerstattungen, sonstige Festlegungen (z. B. Reaktionszeiten des Wartungspersonals, Ansprechpartner)….

Um jedoch den Eintritt eines Schadens mit den zuvor genannten Konsequenzen zu verhindern oder zumindest zu minimieren, bedarf es besonderer Funktionen, die frühzeitig auf signifikante Abweichungen der Übertragungsgüte hinweisen.

Dabei wird in vorangegangenem Zitat nur die eine Facette eines „Systemausfalls" beschrieben. Tatsächlich aber ist der Eisenbahnverkehr, als Abhängiger von Kommunika-

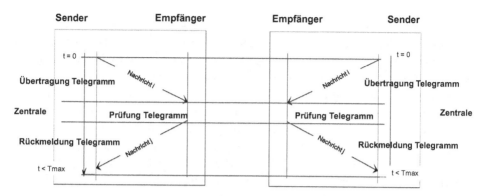

Abb. 3.13 Bidirektionale Übertragung von Nachrichten, gem. DIN EN 50129-2: 2001

tionssystemen, weitaus empfindlicher und systemische Probleme führen aufgrund von F/A/S mitunter zu erheblichen finanziellen Schäden.

Derartig komplexe Zusammenhänge sind mitunter mit Risiken und Folgerisiken behaftet und – da nicht vollständig berechenbar, nicht determiniert – mit Eintrittswahrscheinlichkeiten behaftet. Alle Teilsysteme eines Übertragungsweges bestehen im Wesentlichen aus dem Weg (Übertragungskanal) von der Informationsquelle (Host, Router-Netzknoten) zur Informationssenke (weiterer Router- Netzknoten, Host).

Als sichere Information kann aber nur diejenige gelten, die sowohl angekommen ist als auch rückgemeldet wurde. Insofern besteht ein vollständiger Vorgang aus Hinnachricht (i), der Übertragung eines Telegramms, der Prüfung des Telegramms und Rücknachricht (j), der Rückmeldung eines Telegramms sowohl von einer Zentrale an Feldelemente als auch umgekehrt, wie der Abb. 3.13 entnommen werden kann.

Diese bidirektionale Übertragung bildet den Kern der QoS – Betrachtung mit dem darin eingeschlossenen Initialrisiko, einem Risiko, welches ursächlich in Übertragungssystemen beherbergt ist. In einem Weitbereichsnetz, wie es unter Abb. 3.13 dargestellt ist, sind mehrere, wenn nicht sogar viele Elemente der Abb. 3.12 vereint und an der Übertragung von Nachrichten in paketvermittelter Telegrammform beteiligt. Daher trägt jedes Element zum gesamthaften Risiko bei.

3.11 Darstellung von Risiken verursacht durch F/A/S

Es besteht z. B. ein ursächliches Initialrisiko darin, dass der Übertragungsweg durch Fehlverhalten (Paketverlust, Laufzeitverlängerungen), mangelhafte Wartung (Ausfälle durch Verschmutzung, Überhitzung) oder aufgrund von Störungen (Hindernisse, Bewuchs, Gebäude) behindert ist. Daraus mag dann ein Folgerisiko für die Bahnsicherungstechnik entstehen.

Ein Risiko (Ri) ist definiert durch zwei Faktoren: der Schadenseintrittswahrscheinlichkeit (Hr, Hazardrate) und der Schadensausmaß (Da, Damage):

$$Ri = Hr * Da \qquad (3.4)$$

Ein Schadensausmaß für den hier beschriebenen Umfang kann hergeleitet werden aus dem Systemausfall, seinen Folgen und dem finanziellen Schaden, der daraus entstehen mag, dass Verspätungen durch Irritationen der Zugfolge entstehen. Durch die besonders hoch abgesicherten, sicherungstechnischen Schnittstellen zwischen Bahntelematik/Telekommunikation und der Leit- und Sicherungstechnik (LST) ist für die LST Hr mit 0 anzunehmen. Daher kann davon ausgegangen werden, dass Personen- oder Güterschäden ausgeschlossen sind. Zur Annahme von Eintrittswahrscheinlichkeiten für viele Fälle aus vergangenen Ereignissen (z. B. mittlere Anzahl wetterbedingter Stromausfälle/Weichenstörungen pro Jahr) stehen statistische Erhebungen zur Verfügung, die unmittelbar eine Risikoberechnung ermöglichen.

Nicht so trivial in ihrer Erscheinungsform sind Ereignisse, die in einer Kombination aus Alterungs- bzw. Verschleißbedingung und zufälligem Fehlverhalten zusammentreffen. Daraus ergeben sich für kabellose Übertragungswege einige bekannte Risikoszenarien, verursacht durch F/A/S, deren Erkennungs-, Vermeidungs- und Heilungsmerkmale hier an vier Beispielen aufgeführt sind:

1. Initialrisiko durch Driftausausfall, dem schleichenden Ausfall, der Peripherie (Stromversorgungen, Kühlung) des Systems aufgrund eines Mangels an Wartung, Alterung und Verschleiß. Das Folgerisiko entsteht durch Verzögerungen im Datenverkehr über alle Elemente hinweg und zeitlich längerem Lauf über andere Router. Es entsteht ein finanzieller Schaden, da Weichen innerhalb der zulässigen Zeitpanne nicht umlaufen, dadurch Züge den Laufweg nicht fortsetzen können und die Zugfolge möglicherweise neu geordnet werden muss. Verspätungsausgleich an die Fahrgäste wäre ein weiteres Folgerisiko, das wie folgt dargestellt vorsorglich minimiert werden kann durch:
   - Erkennung der Unerreichbarkeit der Router/Server bis zum Stillstand des Übertragungssystems,
   - Vermeidung der Unterbrechung der Übertragung durch rechtzeitiges Umschalten auf Redundanzen und Erhöhung von Wartungs- und Instandhaltungsintervallen,
   - Heilung durch Intensivierung von Wartung und Instandhaltung oder Austausch.
2. Initialrisiko durch Stromausfall durch Unwetter oder Blitzeinschlag. Das Folgerisiko entsteht durch Spontanausfall des Datenverkehrs über alle Elemente hinweg, der Systemstillstand erzeugt häufigen, finanziellen Schaden, der wie folgt dargestellt vorsorglich minimiert werden kann durch:
   - Frühzeitige Erkennung des spontanen Stillstand des Übertragungssystems,
   - Vermeidung der Unterbrechung der Übertragung durch rechtzeitiges Umschalten auf Redundanzen und Überprüfung der Betriebsspannung,
   - Heilung durch sukzessives Bereitstellen der Ersatzspannung.
3. Initialrisiko durch Überlauf der Routerkapazität aus Mangel an Kapazität. Das Folgerisiko entsteht durch Verzögerung des Datenverkehrs über alle Elemente hinweg sowie durch Systemstillstand und erzeugt damit häufig einen finanziellen Schaden, der wie folgt dargestellt vorsorglich minimiert werden kann durch:
   - Frühzeitige Erkennung der Verlangsamung des Übertragungssystems,
   - Vermeidung der Unterbrechung der Übertragung durch rechtzeitiges Umschalten auf Redundanzen und Überprüfung der Routerkapazität,
   - Heilung durch dynamische Steuerung der Routerkapazität.

4. Initialrisiko durch Schwächeln der peripheren Systeme aus Mangel an Wartung, Alterung Verschleiß und Verschmutzung. Das Folgerisiko entsteht durch Verzögerungen im Datenverkehr über alle Elemente hinweg, sowie durch den Lauf über andere Router und erzeugt damit finanziellen Schaden, der auch in diesem Fall wie folgt dargestellt vorsorglich minimiert werden kann durch:
   – Frühzeitige Erkennung der Verlangsamung des Übertragungssystems,
   – Vermeidung der Unterbrechung der Übertragung durch rechtzeitiges Umschalten auf Redundanzen und Erhöhung von Wartungs- und Instandhaltungsintervallen,
   – Heilung durch Intensivierung von Wartung und Instandhaltung.

Allen dargestellten Szenarien gemein ist die Erkennung der Verlangsamung gemein, die bis zum Stillstand des Übertragungssystems führen kann. Auch die Anzahl der Vorgänge des Verwerfens der Datenpakete und die Dauer der Antwortzeiten können über die Zeit hinweg zunehmen.

Auch die Anzahl der Vorgänge des Verwerfens der Datenpakete und die Dauer der Antwortzeiten können über die Zeit hinweg zunehmen. Da technisch über Sicherungsmodule (SM) der Stellwerke sichergestellt ist, dass in jedem Fall der fail-save-Zustand eingeleitet ist, wenn nicht alle Elemente im Sinne einer Fahrstraße innerhalb einer zeitlichen Frist eingestellt sind, wird davon ausgegangen, dass F/A/S, die in dieser Arbeit beschrieben sind, keinen Einfluss auf die Stellwerkssicherheit haben. Das heißt, es gibt zwischen der hier aufgeführten Bahntelematik und der Leit- und Sicherungstechnik keinerlei Korrelation. Des Weiteren ist auch allen Szenarien gemeinsam, dass eine Vermeidung von Schaden dann möglich ist, wenn kontinuierliche Überprüfung und frühzeitiges Erkennen und Vermeiden stattfinden. Heilung, im Sinne von Schadensausgleich, hingegen ist dann notwendig, wenn ein Schaden bereits eingetreten ist (Abb. 3.14).

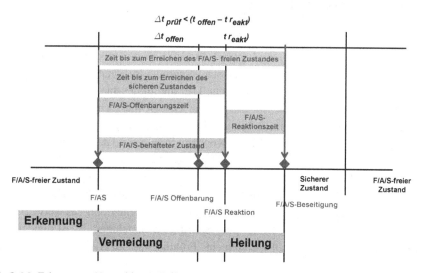

Abb. 3.14 Erkennung, Vermeidung, Heilung

3.12   Darstellung eines Systems zur Prädiagnostik für ferngesteuerte Systeme

Vor dem Eingehen in das Thema Prädiagnostik möge eine analoge, einfache und alltägliche Darstellung aus der Medizin – die Messung des Vitalwertes Herzfrequenz – helfen, den Gedankengang zu erläutern.

Mit zunehmendem Alter vermehren sich die Ursachen für eine Frequenzabweichung, so dass diese einer Überwachung bedarf. Diese erfolgt dadurch, dass regelmäßig der Puls in einer manuellen Stichprobe gemessen wird oder in zeitlich größeren Abständen ein Elektrokardiogramm im Sinn einer Grundgesamtheit von Pulsen erstellt wird. Aus beiden Messungen lässt sich die Funktionsfähigkeit, als Frühdiagnose – im Bezug zu einer altersgemäßen mittleren Herzfrequenz – herleiten. Da kein Unterschied zwischen den Methoden der Früherkennung für medizinische und systemtechnische Belange besteht und die Aussagekraft über sich ankündigende F/A/S die gleichen sind, möge die Prozessfähigkeit eines, wie hier dargestellten Systems durchleuchtet werden.

3.13   Darstellung der verwendeten Hardware/Software

Für die nachfolgenden Untersuchungen diente ein herkömmlicher PC (Laptop) mit einer Web&Walk – Karte, welche den Zugang zu IP-Adressen über breitbandige Übertragungssysteme (Standard GPRS, UMTS) erlaubt. Die nachfolgend aufgeführte Datenmenge wurde ausschließlich mit den Standardprogrammen (Excel, Word) der Fa. Microsoft® und den DOS-Befehlen ping und tracert erfasst und ausgewertet.

3.14   Darstellung der benötigten Daten zur Erhebung einer statistischen Stichprobe

Wie im Analogon aus der Medizin dargestellt, wird für eine Aussage über die Qualität eines Prozesses eine Datenerhebung benötigt. Moderne Kommunikationssysteme liefern über das Internetprotokoll (IP) eines Link-State-Routings Information über die gesamte Topologie des Netzwerks eines jeden Routers. Das sind die Distanzangaben, der Durchsatz, die Verzögerungen und die Zuverlässigkeit. Das ist messbare Information, die in Verbindung mit den dargestellten Risiken und Folgerisiken zu sehen ist.

Unter Zuhilfenahme der Standard-DOS-Kommandos ping und tracert kann eine Datensammlung als Grundgesamtheit erstellt und ausgewertet werden.

Mit denselben Befehlen können auch Stichproben entnommen werden, mit denen die Prozessfähigkeit des Systems in zeitlichen Abständen gemessen werden kann. Die relevante Information, aus der eine Verlängerung der Antwortzeiten und das Verwerfen der Datenpakete ersichtlich werden, ist der ping-Statistik zu entnehmen. Es ist diejenige Information, die dazu herangezogen wird um eine Frühdiagnose zu erstellen.

3.15 Anwendung der Methoden zur Wertung der QoS

Wie zuvor festgestellt, ist allen Szenarien die Erkennung durch Verlangsamung der Antwortzeiten bis zum Stillstand des Übertragungssystems und das Verwerfen der Datenpakete gemein. Für isoliert liegende, nur über kabellose Übertragungswege erreichbare Systeme, ist die erfolgreiche Rückmeldung seiner überwachten Prozesse als Indiz für seine Lebendigkeit unabdingbar. Daraus resultieren die Fragen:

1. Gibt die Erkennung der Verlangsamung der Antwortzeiten oder das Verwerfen von Datenpaketen Anlass zum Heilen?
2. Kann ein Ausfall noch vermieden werden?
3. Ist das System prozessfähig?

Daher sind folgende Bedingungen von größter Aussagekraft, denn entscheidend ist, welche Folgehandlungen daraus abgeleitet werden.

1. Verfügt man über eine hinreichend große Anzahl von Daten aus dem System (statistische Grundgesamtheit), so kann über die Verteilungsform auf die Prozesseigenschaften für eine relativ lange Zeitspanne geschlossen werden. Weiterhin liefern kleine, entnommene Datenmengen Rückschlüsse auf das aktuelle Verhalten von Prozessen.
2. Im Laufe der Zeit unterliegen alle Systeme Alterungs- und damit Verschleißprozessen aus der Lebensdauerbegrenzung, welche ebenfalls betrachtet werden müssen, besonders dann, wenn damit zu rechnen ist, dass sie vermehrt dazu neigen, fehler-, ausfall- oder störungsanfällig zu werden.
3. Erste Anzeichen von „Erkrankungen" des Systems liefern die Anzahl verlorener Pakete in einer Stichprobe signifikanter Größe und verlängerte Antwortzeiten bezüglich Mittelwert und Streuung gegenüber einer ursprünglichen Sollvorgabe.

Ist die Prozessqualität über die statistische Grundgesamtheit festgelegt worden – das ist die Datenmenge, aus der auf die Qualitätsparameter Mittelwert und Streuung von Messwerten geschlossen wird – kann sie über eine zeitlich aktuelle, getaktete Stichprobenentnahme überprüft werden. Spätestens dann, wenn daraus zu erkennen ist, dass die prognostizierte Lebensdauer höhere F/A/S erwarten lässt und die Paketverlustrate zunimmt, sollte die Taktung der Stichprobenentnahme – im Sinn der Prävention – zunehmen. Da Lebensdauern einer Gesetzmäßigkeit folgen, ist abzusehen, in welchem Zeitraum Systeme differenzierter betrachtet werden müssen.

Eine Grenzwertüberschreitung der Messdaten aus der Stichprobenentnahme kann dann dazu veranlassen, dass Ersatzsysteme in Funktion genommen, oder ein fail-save-Zustand herbei geführt wird.

Aus den vorangegangenen Überlegungen geht hervor, dass mindestens drei Faktoren in Beziehung zueinander stehen und eine über die Zeit laufende Beobachtungskonstanz fordern:

1. die kritische Paketverlustrate in Beziehung zur Gesamtlaufzeit über die Lebensdauer aller Netzknoten,
2. die kritische Antwortzeitenüberschreitung zur Gesamtlaufzeit über die Lebensdauer,
3. die Überlagerung von 1. und 2., insbesondere im Bereich der Lebensdauer im Übergang zwischen zufälliger und verschleiß- und alterungsbedingter Ausfälle.

Verdeutlicht wird dieses durch den graphisch dargestellten, kritischen Zusammenhang – rot überlagert (Abb. 3.15).

Phase 3 ist diejenige, in welcher der Anstieg der Ausfallraten beteiligter Systeme erfolgen wird.

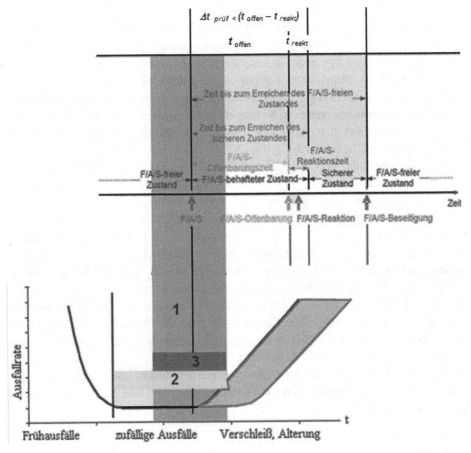

Abb. 3.15 Zunahme Ausfallraten und Antwortzeiten im Übergang zwischen zufälligen Ausfällen und Verschleiß, Alterung

Deshalb muss dort die Intensität der Entnahme von Stichproben vorsorglich erhöht werden, um ein frühzeitiges Umschalten auf Redundanzen zu ermöglichen. Die beschriebenen Beziehungen unterliegen in der Theorie statistischen Zusammenhängen und können mit diesen analysiert werden.

Dazu gehören aus induktiver Sicht der Schluss von Einzelverhalten auf das allgemeine Verhalten: folgende Aktivitäten,

- die empirische Erfassung einer Grundgesamtheit (GG) von Antwortzeiten,
- die Entnahme von Stichproben,
- die Anwendung der Binomialverteilung zur Bewertung von Paketverlustraten, Fehleranfälligkeit und Wahrscheinlichkeiten für das Vorfinden von fehlerhaften Telegrammen, die Anwendung der Normalverteilung und Poissonverteilung in Beziehung zur empirischen Erhebung, die Anwendung der Weibull-Verteilung zur Ermittlung von Lebensdauern, Verschleiß, Alterung,

und aus deduktiver Sicht der Schluss vom allgemeinen Verhalten auf Einzelverhalten

- die Ermittlung der bedingten Wahrscheinlichkeiten nach Bayes zur Identifizierung der F/A/S-Anteiligkeit von beteiligten Systemteilen.

Der Übergang zwischen zufälligen Ausfällen und Verschleiß und Alterung von Systemteilen erfolgt entlang einer steilen Gerade (Abb. 3.3). Entsprechend ist zu befürchten, dass nicht nur einzelne Systemteile, sondern ganze Gruppen eines Netzwerkes ausfallen können, haben sie einmal das kritische Alter erreicht.

Dieses birgt die Gefahr eines Kollapses großer Teile des Gesamtsystems in sich, deren Wiederaufnahme des Betriebs mitunter Stunden in Anspruch nehmen kann.

Das ist ein Fall, der aus einer weit entfernten Zentrale nur mit großem Einsatz von Wartungs- und Instandhaltungsmaßnahmen zu bewerkstelligen ist.

Sollen Übertragungsprozesse prozessfähig sein, in dem Sinne, dass sie über relativ lange Zeiträume ohne Wartung und Instandhaltung auskommen sollen, müssen sie den Nachweis erbringen, dass sich Qualitätsmerkmale dauerhaft innerhalb von Grenzwerten bewegen, deren Grundlage die Dichtefunktion einer Standardnormalverteilung bildet (Abb. 3.16).

Das Überschreiten der Grenzwerte muss – wichtig für die Bahntelekommunikation – veranlassen, dass Rückfallprozesse eingeleitet werden oder, wenn das noch zulässig ist, dass das Umschalten auf Redundanzen eingeleitet wird.

Wie bereits aufgeführt lassen sich empirisch erfasste Verteilungen von Häufigkeiten in der Regel der Normalverteilung unterwerfen, die ein offenes Intervall des reellen Zahlenbereichs darstellt. Qualitätsgrenzen werden dadurch festgelegt, dass das mehrfache Streumaß Sigma σ, (Wendepunkt als 2. Ableitung der Funktion) um einen Mittelwert μ, den Parameter für einen erwarteten Streuwert darstellt.

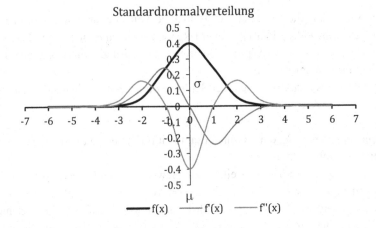

Abb. 3.16 Standardnormalverteilung, 1. und 2. Ableitung der Funktion

Oft ist die Intervallvereinbarung, auch Qualitätsniveau genannt, mit +/− 3 σ begrenzt und gemäß der Definition der Prozessfähigkeit sollen sich alle empirischen Merkmalswerte innerhalb dieses Intervalls (Glockenkurve) aufhalten. In der folgenden Untersuchung wurde eine kabellose Internetkonstellation über Netzknoten und Übertragungswege untersucht. Für eine Bahnanwendung steht das GSM-R zur Verfügung, bei der der Verfasser davon ausgeht, dass dort artverwandte Vorgänge wie in der Internet- Konstellation ablaufen. Zunächst werden Datenerhebungen hergestellt, wie sie sich aus der Absetzung der DOS-Befehle tracert und ping ergeben, wenn sie auf eine Kommandozeile, z. B.: c:\tracert [IP- Adresse], c:\ping [IP- Adresse], geschrieben werden (siehe Anhang).

Wird der ping-Befehl in entsprechender Art abgesetzt, entsteht eine Grundgesamtheit von Antwortzeiten. Ist sie in einer signifikanter Größe, kann sie herangezogen werden, um daraus die Qualitätsmerkmale Mittelwert und Streuung, als auch die Anzahl der verlorenen Pakete abzulesen. Der tracert-Befehl hingegen liefert, identifiziert durch die IP-Adresse, drei Antwortzeiten zum beteiligten Netzknoten.

Die entnommene Datenmenge kann mit MS-EXCEL® so aufbereitet werden, dass daraus eine statistische Häufigkeitsverteilung grafisch sichtbar wird. So geschehen, entsteht nach der Erhebung folgendes Verteilungsbild jeweils der Grundgesamtheit für eine Verbindung, z. B. über GPRS und für UMTS (Abb. 3.17 und 3.18).

Minimum =246 ms, Maximum =2080 ms, Mittelwert =459 ms Pakete: Gesendet =819, Empfangen =587, Verloren =232 (28 % Verlust),

Pakete: Gesendet =10364, Empfangen =10333, Verloren =31 (0 % Verlust),

Ca. Zeitangaben in Millisek.: Minimum =87 ms, Maximum =3925 ms, Mittelwert =225 ms.

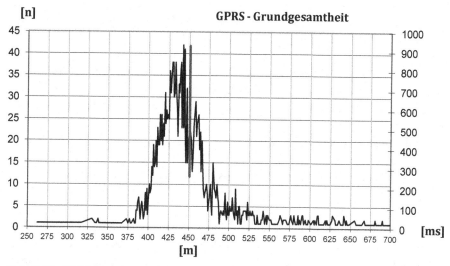

Abb. 3.17 GPRS-Grundgesamtheit

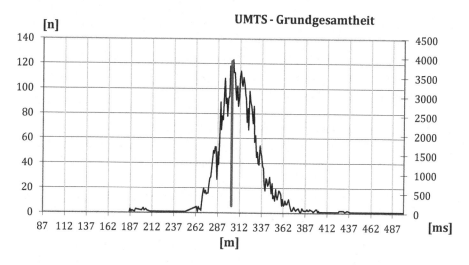

Abb. 3.18 UMTS-Grundgesamtheit

3.16 Grundsätze, Bundesministerium für Wirtschaft und Technologie

Vor Beginn der Beschreibung der Ziele der Untersuchung als auch der Anwendung der statistischen Methoden sei der Entwurf einer Netzneutralitätsverordnung nach § 41a Abs. 1 TKG – § 1 Ziele und Grundsätze, Bundesministerium für Wirtschaft und Technologie, Stand: 17. Juni 2013, aufgeführt, welche die Aktualität des Forschungsthemas unterstreichen:

(1) Ziele dieser Verordnung sind die Bewahrung und Sicherstellung eines freien und offenen Internets. Hierzu gelten folgende Grundsätze:

1. Die grundsätzliche Gleichbehandlung aller Datenpakete unabhängig von Inhalt, Dienst, Anwendung, Herkunft oder Ziel (Best-Effort-Prinzip).
2. Ein diskriminierungsfreier, transparenter und offener Zugang zu Inhalten und Anwendungen für alle Endnutzer.
3. Ein diskriminierungsfreier, transparenter und offener Zugang zum Internet für alle Dienstanbieter.
4. Keine Beschränkung des Best-Effort-Prinzips durch anbietereigene Plattformen oder Dienste.

Weiterhin wird in diesem Sinne zitiert aus der Transparenzverordnung nach § 45n TKG. In diesem Kontext steht auch die von der Bundesnetzagentur kürzlich erstellte Studie über „Dienstequalitäten von Breitbandzugängen", die zum Ziel hat, festzustellen, ob und inwieweit zugesagte Bandbreiten auch tatsächlich eingehalten werden:

Der Verbraucher soll damit in die Lage versetzt werden, Qualitätsbeschränkungen zu erkennen

Herkunft und Sinn des zuvor genannten Kernsatzes ergehen auch aus dem Telekommunikationsgesetz (17) (TKG), Ausfertigungsdatum: 22.06.2004:
Teil 3 Kundenschutz, § 43a Verträge,

- Punkt 2. Zu den Informationen nach Absatz 1 Nummer 2 gehören:
- Punkt 3. das angebotene Mindestniveau der Dienstqualität und gegebenenfalls anderer nach § 41a festgelegter Parameter für die Dienstqualität.

Gemäß Best Effort-Prinzip wird zwar damit über eine große Anzahl von Netzknoten die Gewähr dafür geboten, dass Information – zerteilt in Pakete (Hashing) – vom Grundsatz her immer ankommt.

Das wird dadurch erreicht, dass verlorene oder inhaltlich nicht korrekte Pakete so oft versendet werden, bis die beabsichtigte Information schlüssig das Ziel erreicht. Dabei wird jedoch der Beobachtung der Antwortzeiten hinsichtlich ihrer Laufzeiten oft wenig Beachtung beigemessen. Dabei lässt sich doch aus statistischen Erhebungen erkennen, dass, entsprechend vorgestelltem Zusammenhang, Antwortzeiten durch Grenzwerte in zeitlichen Schranken gehalten werden können. Eben damit soll der Verbraucher, der Kunde oder der Nutzer in die Lage versetzt werden, Qualitätsbeschränkungen zu erkennen. Diese statistischen Erhebungen bilden die Grundlage für das nachfolgende Kapitel.

Werden darin signifikante Qualitätsbeschränkungen, wie zum Bespiel die Überschreitung der Toleranzbereiche der Antwortzeiten, frühzeitig erkannt, sind das wichtige Indizien von sich ankündigenden, möglicherweise negativen Veränderungen des Übertragungssystems.

Vorstellung statistischer Methoden zur präventiven Erkennung von Fehlverhalten der Übertragungssysteme

Aus den vorangegangenen Überlegungen wurde festgestellt:

> Allen dargestellten Szenarien gemein ist die Erkennung der Verlangsamung gemein, die bis zum Stillstand des Übertragungssystems führen kann. Auch die Anzahl der Vorgänge des Verwerfens der Datenpakete und die Dauer der Antwortzeiten können über die Zeit hinweg zunehmen.

In diesem Zusammenhang ist die Sicherung der Prozessfähigkeit der Übertragungskanäle durch frühzeitiges Erkennen von F/A/S das Ziel der weiteren Untersuchung. Wichtiger Parameter ist dafür die Paketverlustrate, gemäß Gl. 4.1:

$$PLR_{(t)} = n_{(P\ Verlust)} / n_{(P\ Versand)} * 100 / t \qquad (4.1)$$

Dazu ist es notwendig, eine kontinuierliche Überwachung der Übertragungsprozesse über Stichprobenentnahmen durchzuführen und die möglichen prozessunfähigen Verursacher aufzuspüren. Die Zeitspanne im Übergang zwischen zufälliger Ausfallrate und der Ausfallrate aus Alterung und Verschleiß ist intensiver zu beobachten, da vermutlich dann die Häufigkeit von signifikanten Abweichungen der statistischen Parameterwerte Mittelwert und Streuung zunimmt.

Zur Erkennung von Abweichungen – auch über Toleranzen hinweg – werden statistische und stochastische Methoden eingesetzt, wie sie im Folgekapitel beschrieben werden.

© Springer Fachmedien Wiesbaden 2014
M. Hellwig, V. Sypli, *Leit- und Sicherungstechnik mit drahtloser Datenübertragung*,
DOI 10.1007/978-3-658-05436-6_4

4.1   Induktive und deduktive Ansätze, „Schwarze Schwäne"

Ein Großteil statistisch-stochastischer Methoden basieren auf den Erkenntnissen, welche der zentrale Grenzwertsatz liefert. Im Groben bedeutet dies: Je größer die Anzahl der Stichprobenwerte, desto geringer die Abweichungen zu den zugehörigen Erwartungswerten der wichtigen Parameter Mittelwert und Streuung – auch Varianz bzw. Standardabweichung genannt. Sie sind die Grundlage für die induktiven Ansätze dieser Arbeit, dem Schluss von unabhängigen Einzelfällen auf den allgemeinen Fall.

Der deduktive Schluss hingegen schließt aus einem allgemeinhin bekannten Verhalten, das einer Gesetzmäßigkeit sehr nahe kommt, auf den Individualfall. Dementsprechend wird in der Anwendung des Bayes'schen Theorems verfahren.

Beide Schlüsse zusammen sollen eine bottom-up/top-down-Methodik darstellen, welche der präventiven Betrachtung dient und frühzeitig F/A/S aufdecken helfen soll.

Trotz beidseitiger Ansätze der Untersuchungen der mit ping erhaltenen Grundgesamtheit können seltene Ereignisse katastrophalen Ausmaßes weder mit der einen Art des Ansatzes noch der anderen frühzeitig detektiert werden. Sie erscheinen unvermittelt, unverhofft und nicht determinierbar. Das sind die in der Umgangssprache der Statistik benannten „Schwarzen Schwäne". In der Tat können Ereignisse dieser Qualität dazu führen, dass, obgleich alle Vorkehrungen getroffen worden sind, Systeme zum Erliegen kommen oder selbst Verursacher schwerer Schäden sind.

Über eine ping-Statistik kann, je nach Vorgabe der Anzahl n der ping, gemäß Abfrage, wie z. B. c:\ping [adresse] −n>c:\[filename.txt], auf Textzeilen die statistisch relevante Information gespeichert werden. Insofern ist der Erhalt großen Datenmengen als Grundgesamtheit für die Erkennung der Prozessparameter Mittelwert und Streuung gegeben, der direkte Schluss. Dabei wird zunächst vorausgesetzt, dass Mittelwert und Streuung sich normalverteilt (Modell Normalverteilung) verhalten, was im Verlaufe der Zeit möglicherweise Veränderungen unterliegt. Daher ist es auch gerechtfertigt, die Werte dieser Prozessparameter als Qualitätsmerkmale für eine Soll-Qualität festzulegen. Die Stichproben aus einer kontinuierlich prüfenden ping–Abfrage liefern einen begrenzte Zahl von Ist-Werten. Damit ist aus statistischer Sicht der indirekte Schluss von Stichproben auf die Grundgesamtheit möglich. Es ist nicht zu erwarten, dass ein Ist-Qualitätsmesswert mit dem Soll-Qualitätsschätzwert auf den Punkt genau übereinstimmt. Daher können nur Eingrenzungen, also Bereichsschätzungen auf einem Vertrauensniveau für einen Vergleich herhalten.

Wie eng dabei die Eingrenzungen gesetzt werden können, hängt hauptsächlich vom Umfang der zugrunde gelegten Datenmengen aus Grundgesamtheit für Kennwerte und Schätzwerte bzw. Vertrauensbereiche für Stichproben ab. Diese Stichproben werden dem vorgestellten System kontinuierlich entnommen. Sie sind zwingend erforderlich um zu einer systemtechnischen Entscheidung zu gelangen, unter welchen Voraussetzungen F/A/S als betriebsgefährdend erkannt werden und veranlassen, dass F/A/S – freie, redundante Systeme den Betrieb fortsetzen um die Ausfallzeiten so gering wie möglich zu halten.

Sowohl die Festlegung der Bereiche von Streuung (Zufallsstreubereiche) als auch die der Vertrauensbereiche sind – eben aufgrund ihres zufälligen Charakters – mit einem

Wahrscheinlichkeitskalkül zu betrachten. Beide Schlussweisen sollten aber nach Vorgabe der gleichen Irrtumswahrscheinlichkeit = Signifikanzniveau α zur gleichen Entscheidung führen.

Diese Bedingung definiert eindeutig, wie Vertrauensbereiche (Konfidenzintervalle) zu bestimmen sind. Daher ist in den folgenden Kapitel dargestellt, welches die Voraussetzungen sind, damit überhaupt eine Entscheidung für das Erkennen von F/A/S fallen kann:

- Ermittlung von Stichprobengrößen,
- Schätzungen des Intervalls, in dem eine Aussage getroffen, wird mit welcher Wahrscheinlichkeit eine bestimmte Anzahl von F/A/S zu rechnen ist,
- Festlegungen von Grenzwerten, deren Überschreitung das System veranlasst auf Redundanzen umzuschalten,
- Berücksichtigung der Lebensdauern und deren Einflussnahme auf die Prozessparameter,
- Feststellung des Beibehaltes der Prozessparameter und dem Modell der Normalverteilung durch einen Hypothesentest,
- Definition eines Vertrauensbereichs für sehr kleine Stichprobenumfänge über die Student t-Verteilung,
- Direkter Schluss aus dem bekannten Ausfallverhalten exemplarischer Systemteile in Verbindung mit der Lebensdauer,
- Feststellung von Ausreißern.

4.2 Induktiver Ansatz zur Bestimmung der Stichprobengröße

Soll ein Breitbandzugang gemäß Mitteilung Nr. 294/2005 (siehe Anhang) qualitativ überprüft werden, kann dieses über Stichprobenentnahmen geschehen. Für endliche Grundgesamtheiten (GG) werden die minimal erforderlichen Stichprobenumfänge nach Gl. 4.2 berechnet aufgeführt, Tab. 4.1:

$$n \geq \frac{N}{1 + \frac{(N-1) * \varepsilon^2}{z^2 * P * Q}} \tag{4.2}$$

Für eine mit ping erstellte Stichprobe seien dann:

N = Anzahl der Elemente in der Grundgesamtheit = 10.000
ε = gewählter tolerierter Fehler = 0,05 %
z = 99:95 %-Quantil der Standardnormalverteilung = 3291 = 2σ
P = prozentualer Anteilswert an der Grundgesamtheit = 0,01 %
Q = Q = 100 % − P = 100 − 0,01 % = 99,99 %

Tab. 4.1 Bestimmung einer Stichprobengröße

N	10.000			
$N-1$	9.999			
ε	0,050 %	=	ε^2	0,00 %
z	2,576	=	z^2	6,635776
P	0,010 %			
Q	99,990 %			
			$n > 2.098$	

Sind maximal 3,544 Befehle pro Sekunde absetzbar, siehe nachfolgende Berechnung, so errechnet sich hieraus eine Stichprobenentnahmedauer von 2098s/3,544 = 592s oder rund 10 min. Insofern muss entschieden werden, ob von der vorgenannten Forderung um mindestens eine Zehnerpotenz zugunsten kürzerer Stichprobenentnahmeintervalle heruntergegangen werden kann.

Stichprobenennahmen von relativ langer Dauer würden Messergebnisse verfälschen, da sie als Teil des Gesamtsystems auf die Ergebnisfindung einwirken. Es gilt auch zu bedenken, dass jeder der betrachteten Netzknoten stichprobenartig überwacht werden muss.

Es erweckt also den Anschein, will man Elemente der Leit- und Sicherungstechnik derart „scharf" überwachen, dass nur sehr schnelle und sehr sicher funktionierende Systeme Anwendung finden können.

Bezweifelt wird daher, dass derzeit verfügbare Standards (GPRS, UMTS) den Ansprüchen gerecht werden können. Um dieses zu untersuchen, erfolgt eine Berechnung der Anzahl der Befehle pro Sekunde in Anlehnung an die Angabe des homematic –forums mit der Internetadresse http://homematic-forum.de/Re: FHZ 1300 Sende Begrenzung – in English von fsommer1968 » 21.02.2010, 15:35.

Daraus geht der erste Ansatz für die Übertragungsdauer eines Datentelegramms als auch der gesendeten Anzahl von Befehlen hervor:

…Die Länge eines Datentelegramms ist 40 oder 48 Bit plus 12 "0"-Bit, ein "1" Bit zur Synchronisation, ein "0"-Bit für EOT ⇒ 48 Bit. Für die Berechnung werden plus 14,45 Millisekunden für Synchronisation angenommen.
Die Dauer eines "1"-Bit beträgt zwischen 1000 und 1450 Mikrosekunden (ein "0"-Bit ist immer kürzer), daher werden 1450 Mikrosekunden für Berechnung angenommen.
Daraus folgt 48 Bit * 1450 Millisekunden + 14,45 Millisekunden pro Synchronisation = 84,05 Millisekunden pro Datentelegramm. Jeder Befehl wird 3 mal mit jeweils 10 ms Pause gesendet = 84,05 ms * 3 + 30 ms = 282,15 ms pro Befehl.
Die Anzahl Befehle auf dem Kanal beträgt $1/282,15 * 10^{-3} = 3,544$ pro Sekunde. Damit beträgt die Anzahl der Befehle pro Stunde n/h = 3,544 * 3600; n = 12.759. Bei Einhaltung der Sendebegrenzung von 1 % ergeben sich 127 Befehle pro Sender und Stunde….

Die zuvor ermittelten Werte führen zu einem ersten Schritt in die Ermittlung der QoS über induktive Ansätze der Statistik.

4.3 Induktiver Ansatz zur Erkennung von F/A/S in einer Stichprobe

Die Anwendung der Binomialverteilung in Zusammenhang mit Paketverlustraten ermöglicht das Erkennen erster Anzeichen von F/A/S für das Auftreten fehlerhafter Telegramme dadurch, dass die Wahrscheinlichkeit ermittelt wird, mit welcher Anzahl von F/A/S in einer Stichprobe höchstens gerechnet werden darf. Wird das „höchstens" aus der Stichprobe überschritten, ist das zunächst ein Indiz dafür, dass möglicherweise weitere Überschreitungen folgen werden.

Unter Verwendung der vorgestellten Hard- und Software wurde ermittelt, wie hoch der Erwartungswert (E) der Paketverlustrate einer angewählten IP-Adresse über das Netz hinweg im Mittel ist.

Aus der Aufzeichnung einer Grundgesamtheit einer ping-Statistik von n = 10.000 Messungen und einer Begrenzung der Antwortzeit je Stichprobe von höchstens 100 ms, wurde Folgendes ermittelt:

Ping-Statistik für 217.243.218.89:
Pakete: Gesendet = 10000, Empfangen = 996, Verloren = 50

Daraus wurde festgestellt, dass die Paketverlustrate in einer Grundgesamtheit (GG) = 50/1 0.000 = 0,005 = 0,5 % im Mittel beträgt. Um dann festzulegen, wie viele verlorene Pakete bei einer Toleranz von 0,5 % in einer Stichprobe mit begrenzter Anzahl von Messungen n höchstens gerechnet werden kann, wird folgende Frage gestellt: Mit wie vielen Paketverlusten darf mit 99,5 % Gewissheit (Sicherheitsniveau) bei der Erhebung einer Stichprobengröße von n = 2000 ping höchstens gerechnet werden?

4.4 Intervallschätzung zum Stichprobenergebnis über Binomialverteilung

Anhand der Binomialverteilung können wir das Intervall angeben, in dem mit 99,5 % Wahrscheinlichkeit das Stichprobenergebnis liegt. Das geschätzte Maximum der Verteilung liegt gemäß Gl. 4.3 bei Erwartungswert m (Mittelwert):

$$E(X) = n * p \qquad (4.3)$$

$$E(X) = 2000 * 0,005 = 10$$

Die Breite der Verteilung wird durch die 3-fache Standardabweichung (Streumaß) σ gemäß Gl. 4.4 beschrieben:

$$\sigma = \sqrt{n * p * (1 - p)} \qquad (4.4)$$

$$\sigma = \sqrt{(2000 * 0,005 * (1 - 0,005))} = 3,154$$

$$3\sigma = 3^{*}3,154 = 9,463$$

Alle Messdaten einer zufällig ausgewählten Stichprobe der Größe n = 2000 liegen gemäß mit einer Wahrscheinlichkeit (P) von 99,5 % in einem geschlossenen Intervall [m − 3σ; m + 3σ]; [10 − 9,463; 10 + 9,463]; [0; 19].

4.5   Paketverluste in einer Stichprobe bei bestimmter Wahrscheinlichkeit

In der Annahme, dass die Zufallsvariablen X_i alle mit Parameter p = 0,005 verteilt sind, ist die Summe dieser Zufallsvariablen gemäß Gl. 4.5:

$$p \sum_{i=1}^{2000} X_i \le k = 0,995 \tag{4.5}$$

binomialverteilt mit den Parametern n = 2000 und p = 0,005. Diese Summe gibt gerade die Anzahl der Paketverluste an.

Das heißt, dass der Wert k gemäß Gl. 4.5 so bestimmt werden muss, dass die Wahrscheinlichkeit P von gerade 99,5 % bei einer Stichprobengröße von n = 2000 höchstens k Paketverluste gemäß Gl. 4.6 ergibt:

$$p \sum_{i=1}^{2000} X_i \le k = 0,995$$

$$\leftrightarrow \sum_{j=0}^{k} p \sum_{i=1}^{2000} X_i = k = 0,995$$

$$\leftrightarrow \sum_{j=0}^{k} \binom{n}{j} p^j * (1-p)^{n-j} = 0,995 \tag{4.6}$$

$$\leftrightarrow \sum_{j=0}^{k} \binom{2000}{0} 0,005^0 * (0,995)^{2000-0} = 0,995$$

$$\leftrightarrow k = 19$$

Die Ergebnisse aus Standardnormalverteilung und Binomialverteilung sind allerdings nur signifikant, wenn nachgewiesen werden kann, dass die Erhebung normalverteilt ist. Das heißt, dass eine symmetrische Verteilung der links- und rechtsseitigen Streumaße um den Erwartungswert μ vorausgesetzt wird.

Nicht alle Erhebungen zeigen symmetrische Verhältnisse auf. Hierauf geht der Verfasser in Kap. 4.9 ein.

Verschiedene, durchgeführte Erhebungen des Verfassers zeigten, dass 3 % Verlustrate im Mittel ein repräsentatives Ergebnis darstellt.

Das wird auch bestätigt durch (13) „Echtzeitdienste in paketvermittelnden Mobilfunknetzen", Andreas Schieder, Fakultät für Elektrotechnik und Informationstechnik der Rheinisch-Westfälischen Technischen Hochschule Aachen, 21. Juli 2003:

> …Die von 3GPP in Tabelle 7 getroffene Festlegung der Paketverlustrate für die Konversationsklasse von 3 % für Sprachdaten, orientiert sich an den hohen Qualitätsansprüchen der existierenden kanalvermittelten Sprachdienste… .

Es ist aber zwingend zu berücksichtigen, dass in der vorangegangenen Berechnungsweise der gesamte Laufweg über die Netzknoten (IP-Adressen) eingeschlossen ist. Wenn nicht eindeutig festgestellt werden kann, welcher Knoten (nachfolgendes Beispiel Punkte 1- 6) von der Vorgabe abweicht (Knoten 3? Knoten 4? Knoten 5?), muss beim Durchlaufen des Netzes von Knoten zu Knoten (hopping, hops) für jeden durchlaufenen Knoten eine gesonderte ping-Statistik erhoben werden. Erst daraus kann auf die möglichen Verursacher (IP-Adressen) der Paketverluste geschlossen werden.

Knoten

- Ping-Statistik für 213.155.131.222:
- Pakete: Gesendet = 100, Empfangen = 100, Verloren = 0 (0 % Verlust),
  Ca. Zeitangaben in Millisek.: Minimum = 50 ms, Maximum = 1266 ms, Mittelwert = 213 ms
- Ping-Statistik für 217.243.218.89:
  Pakete: Gesendet = 100, Empfangen = 98, Verloren = 2 (2 % Verlust),
  Ca. Zeitangaben in Millisek.: Minimum = 58 ms, Maximum = 180 ms, Mittelwert = 77 ms
- Ping-Statistik für 195.113.144.122:
  Pakete: Gesendet = 30, Empfangen = 0, Verloren = 30 (100 % Verlust)
- Ping-Statistik für 195.113.144.174:
  Pakete: Gesendet = 100, Empfangen = 99, Verloren = 1 (1 % Verlust),Ca. Zeitangaben in Millisek.: Minimum = 69 ms, Maximum = 896 ms, Mittelwert = 283 ms
- Ping-Statistik für 213.155.131.222:
  Pakete: Gesendet = 100, Empfangen = 100, Verloren = 0 (0 % Verlust),Ca. Zeitangaben in Millisek.: Minimum = 59 ms, Maximum = 675 ms, Mittelwert = 251 ms

Dass auch auf Basis einer anderen Methode vorsorglich auf mögliche Verursacher von F/A/S geschlossen werden kann, wird in folgendem Kapitel diskutiert, denn Tatsache ist, dass eine kontinuierliche Erhebung der Stichprobengrößen von $n = 2000$ zu Überlast und Verfälschung der Messergebnisse führen können, siehe auch (4) „Das Messen von QoS ist problembehaftet", Klaus Rebensburg, 2006/2007 Vertiefung QoS, Messung der QoS (Dienstgüte), Messverfahren, Fehlerquellen:

> …Stichproben, sonst Überlast, wenn jedes Paket erfasst wird,
> wenn Router auch noch sammelt, Verfälschung durch Netzlast.…

Daher möge ein weiterer Ansatz gewählt werden, welcher mit weitaus kleineren, allerdings auch öfter entnommenen Stichprobengrößen auskommt.

4.6 Induktiver Ansatz zur Erkennung von F/A/S in einer Stichprobe über die Standardnormalverteilung

Zunächst sei die Herleitung der wichtigen Beziehungen einer Normalverteilung zwischen Mittelwert und Streumaß, auch Standardabweichung genannt, dargestellt. Das einfache Streumaß Sigma σ um einen Mittelwert μ errechnet sich aus der 2. Ableitung $f_{(x)} = f'$ der Dichtefunktion der Normalverteilung. Diese ist diejenige Bezugsgröße, unter deren Fläche sich die Prozentsätze für das Qualitätsniveau herleiten lassen.

Wird über die Dichtefunktion der Standardnormalverteilung integriert, sollten unter das einfache Streumaß $+/-1\sigma$ um $\mu\% = 68{,}27\%$, das zweifache Streumaß $+/-2\sigma$ um $\mu\% = 95{,}45\%$ und das dreifache Streumaß $+/-3\sigma$ um $\mu\% = 99{,}73\%$ aller Messwerte fallen.

Die Zusammenhänge zum Qualitätsbegriff werden an einer weiteren exemplarischen UMTS- Antwortzeitenerhebung einer Grundgesamtheit wie folgt weiter erläutert: Wird über eine Streumaßachse $+/-n*\sigma$ um μ ein Mittelwert für n das 1-, 2-, bis 3-fache des Streumaßes gelegt (Abb. 4.1), erhält man zwischen 2, bzw. 3σ einen Grenzwertbereich (Toleranzbereich), den keiner der Messdaten aus den Antwortzeitenstichproben der Erhebung überschreiten sollte. Diese Toleranzbereiche, wie in Abb. 4.2 dargestellt, bzw. Grenzwerte werden in einer QoS-Vereinbarung zwischen Kunde und Provider festgelegt. Definiert werden damit die Grenzwerte UEG bis OEG als untere bzw. obere Eingriffsgrenze $= 99{,}73\%$ (± 3 Sigma der Häufigkeitsverteilung), sowie UWG bis OWG $95{,}45\%$ als untere bzw. obere Warngrenze Mittelwert (± 2 Sigma der Häufigkeitsverteilung der dargestellten Stichprobenkenngröße).

Da die Anteile im negativen Bereich der Normalverteilung immer unterhalb des Mittelwertes liegen, ist für die Grenzwertbetrachtung nur der positive Bereich von Wert.

Dabei kann der Toleranzbereich zwischen $+2$ und $+3$ Sigma akzeptiert, aber dennoch intensiv beobachtet werden. Die ersten Anzeichen von Prozessveränderungen werden offenbart, wenn die UEG überschritten wird, denn es ist dann zu erwarten, dass auch eine Überschreitung der OEG erfolgt. Dann wäre die Prozessfähigkeit gefährdet.

Um zu einer statistischen Aussage zu gelangen, sei sie aus der Ursache des Überschreitens der Warngrenze oder der Eingriffsgrenze herzuleiten, ist es notwendig die Stich-

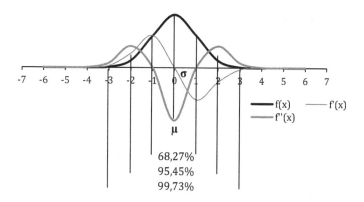

Abb. 4.1 Standardnormalverteilung, Dichtefunktion, Streumaße

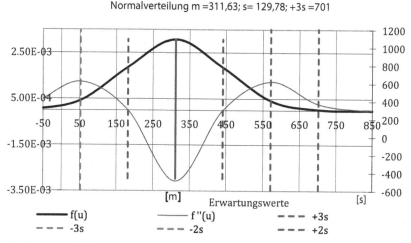

Abb. 4.2 Streuung UMTS mit m = 311,63 bis +/− 3 (s = 129,78) = 701

probenentnahme zunächst zu normieren (Skalierung von x mit σ und Verschieben um μ: $x = (x_{quer} - \mu)/\sigma$; x_{quer} Mittelwert über alle Messdaten) und der Normalverteilung gegenüber zu stellen.

Werden dann Anzahl und Messwerte in einem Koordinatensystem ($X_{(quer)}$- Karte), auf dem die Grenzwerte deklariert sind, in Verbindung damit gebracht, werden außerhalb davon liegende Antwortzeiten aus der ping-Statistik grafisch sichtbar.

Sie überschreiten möglicherweise Grenzwertlinien. In einer vorliegenden ping-Stichprobe wurde an einem Netzknoten die Antwortzeit auf 100 ms, die Anzahl der Antwortzeiten auf n = 100 begrenzt und auf einer $X_{(quer)}$- Karte dargestellt:

Ping-Statistik für 217.243.218.89:
Pakete: Gesendet = 100, Empfangen = 89, Verloren = 11 (9 % Verlust),
Ca. Zeitangaben in Millisek.: Minimum = 51 ms, Maximum = 493 ms, Mittelwert = 89 ms

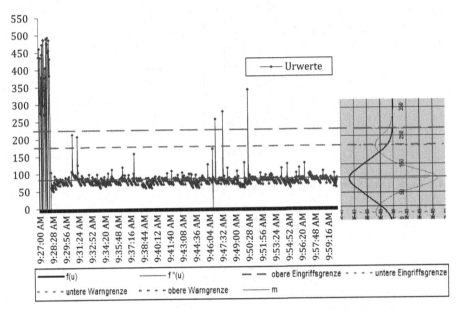

Abb. 4.3 Xquer Qualitätsregelkarte, mit Grenzwerten in Bezug zur Normalverteilung

Deutlich sichtbar wird der Sachverhalt, wenn Qualitätsregelkarte und die Dichtefunktion der Normalverteilung, wie in Abb. 4.3 dargestellt, in Zusammenhang gebracht werden.

Es befinden sich in dieser Erhebung eine Anzahl von Antwortzeiten außerhalb der oberen Warn- und Eingriffsgrenzen, was in Verbindung mit F/A/S – Fällen Anlass gäbe, sollte dieses über eine kritische Zeitspanne hinweg beobachtet werden, das Umschalten auf eine andere Ressource einzuleiten, bzw. einen safe-fail-Zustand einzunehmen.

Wie „schwierig" es ist, selbst in einem relativ kleinen Knoten-Kanten-Netz Verursacher von F/A/S zu entdecken, mag die folgende Übersicht grafisch untermauern.

Es ist ein knotenweise wachsendes Netz dargestellt (Abb. 4.4), angefangen mit einer Anzahl zwischen zwei bis zu fünf Knotenpunkten.

Mit jedem Zuwachs von Knoten wachsen Netzknotenanzahl und damit die Überwachungsleistung für selbiges System exponentiell, sodass es nahezu unmöglich erscheint, jede Route auf Übertragungsqualität zu überwachen. Um diesem Problem zu entgegnen, wurde das sogenannte „Routing" eingerichtet.

Das „Routing" beschreibt die Wegvorgabe für den Paketversand und wird von Knoten zu Knoten über Routingtabellen individuell über Provider geregelt. Daher ist die Verzweigung der Route in Gänze nicht voraussehbar. Vielmehr wird das routing von Knoten zu Knoten neu ausgehandelt (Forwarding), sofern dazu Anlass besteht.

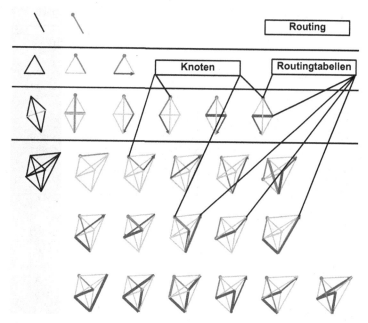

Abb. 4.4 Knoten-Kanten-System über bis zu fünf Knoten

Für eine qualitative Wertung der QoS des Gesamtsystems muss die Qualität der Übertragungssysteme für jede Route bewertbar sein.

Für eine objektive Wertung bedarf es daher allerdings einer Feststellung, welche Knoten/Router an der Übertragungsleistung zum entsprechenden Zeitraum und welche von denen aktuell an F/A/S beteiligt sind.

Dazu liefert der DOS-Befehl tracert folgende Angaben (Tab. 4.2):

In Ermangelung von Stichproben einer hinreichend großen Anzahl bei der Ausführung des tracert-Befehls ist nicht abschätzbar oder gar berechenbar, welche der beteiligten Knoten derart prozessfähig sind, dass sie die Telegrammübermittlung in der geforderten Zeit-

Tab. 4.2 tracert-Ablaufverfolgung, Auszug

1	*	*	*	Zeitüberschreitung der Anforderung.
2	*	*	*	Zeitüberschreitung der Anforderung.
……………..				
9	*	*	*	Zeitüberschreitung der Anforderung.
10	*	*	*	Zeitüberschreitung der Anforderung.
11	70 ms	69 ms	69 ms	217.243.218.89
…………..				

Tab. 4.3 tracert-Ablaufverfolgung am Beispiel 13:56 Uhr für 100 Anforderungen

				Anzahl verlorene Pakete	Arithm. Mittelwert	Standardabw.
3 Stichpr. [ms]	217.243.218.89					
	70	69	69	2	69,3	33,7
[ms]	f-ea5- i.F.DE.NET.DTAG.DE [62.154.16.165]					
	118	69	69	0	85,3	48,5
[ms]	ffm-b11-link.telia.net [213.248.90.129]					
	87	109	89	0	95,0	48,5
[ms]	ffm-bb2-link.telia.net [213.155.131.222]					
	75	69	70	0	71,3	35,8
[ms]	win-bb2-link.telia.net [80.91.246.143]					
	97	89	90	0	92,0	46,1
[ms]	prag-b3-link.telia.net [213.155.131.69]					
	129	89	89	0	102,3	54,5
[ms]	cesnet-01205-prag-b3.c.telia.net [213.248.77.118]					
	97	120	120	0	112,3	57,2
[ms]	r92-r40.cesnet.cz [195.113.156.122]					
	97	119	139	0	118,3	61,6
[ms]	r92-cvut.cesnet.cz [195.113.144.174]					
	97	120	119	1	112,0	56,5
[ms]	147.32.252.14					
	97	119	120	0	112,0	57,0
[ms]	www.cvut.cz [147.32.3.39					
	99	129	130	0	119,3	61,4
					Arithm. Mittelwert über alle Knoten	
					99,03030303	

spanne durchführen können. Daher erscheint es überlegenswert, die in der Reihenfolge liegenden Knoten sequentiell zu beobachten.

Die Knoten haben, wenn die aufgezeichneten Antwortzeiten zu einem arithmetischen Mittelwert, einem Streumaß (Standardabweichung), errechnet werden (Tab. 4.3), folgende Merkmalswerte:

Für jeweils einen Knoten werden aus dem DOS-Befehl tracert nur drei Antwortzeiten generiert. Da die Anzahl gering ist, sind sie ohne signifikante Aussagekraft.

Es kann nur festgestellt werden, welche Knoten Paketverluste erzeugen und welche Antwortzeiten über einem, sehr vage ermittelten, Durchschnitt liegen. Damit ist der tracert-Befehl zwar für die Angabe der Knotenadressen anwendbar, nicht aber für statistische Belange.

4.7 Induktiver Ansatz zur Erkennung von F/A/S über die Lebensdauer

Es sind erfahrungsgemäß nicht die elektronischen Bauteile, die unter „normalen" Bedingungen Lebensdauern weniger als 10^9h aufweisen, sondern andere, beteiligte Komponenten, die dafür verantwortlich sind, dass Übertragungssysteme anders reagieren als „normal". Das sind z. B. Router, deren Speicher, verursacht durch zu hohen Datenverkehr, in den Netzwerken überlaufen und kollabieren oder Überhitzungen, verursacht durch versagende Kühlsysteme oder Stromversorgungen oder spontane Serverausfälle unbekannter Ursache.

Es sind vermehrt die peripheren Versorgersysteme, die für F/A/S verantwortlich sind, da deren Lebensdauer oft unter der von elektronischen Komponenten liegt.

Insofern gilt die Aufmerksamkeit ihrer Lebensdauer bezüglich der Einflussnahme auf das Gesamtsystem. Vor diesem Hintergrund finden wir folgende Herstellerangaben zu Lebensdauern (t), die ab Inbetriebnahme einer Komponente gelten (Nachweis siehe Anhang Systemlebensdauern):

- Kühlsysteme an Servern pessimistisch 10 Jahre,
- Stromversorgung Server pessimistisch 5 Jahre,
- elektronische Bauelemente pessimistisch 12 Jahre,
- Netzwerkkarten pessimistisch ca. 5 Jahre.

Es stellt sich die wichtige Frage, welchen Einfluss die Lebensdauer dieser Komponenten auf den Übertragungsprozess hat. Was passiert, wenn sich die Lebensdauern peripherer Systemkomponenten zwei, fünf, zehn oder mehr Jahren nähern?

Entsprechend den aufgeführten Herstellerangaben kann die Ausfallquote $\lambda = 1/h$ als Schätzwert für die Ausfallrate (λ) = Anzahl der Ausfälle innerhalb eines Zeitintervalls verwendet werden. Dementsprechend wird erwartet, dass gemäß Gl. 4.7 die Überlebenswahrscheinlichkeit (R),

$$R(t) = e^{-\lambda * t} \tag{4.7}$$

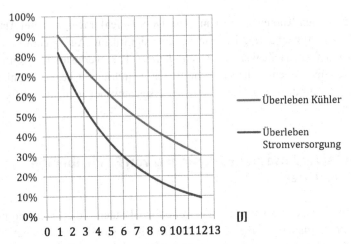

Abb. 4.5 Pessimistische Überlebenswahrscheinlichkeit

ca. 61 %, also jeweils 6 von 10 Kühler bis zu 5 Jahren funktionieren, 4 bis dann ausgefallen sein werden und dass ca. 37 %, also jeweils 4 von 10 Stromversorgungen bis zu 5 Jahren funktionieren und 6 bis dann ausgefallen sein werden (Abb. 4.5).

Da nicht nur die einzelne Komponente auf das Gesamtsystem, sondern mehrere in einer Verknüpfung einwirken, sei im folgenden Kapitel dieser Aspekt detaillierter beschrieben.

4.8 Verknüpfung der Ansätze

Aus den Ansätzen der vorangegangenen Kapitel wird ersichtlich, dass Messdaten einer zufällig ausgewählten Stichprobe der Größe n = 2000 mit einer Wahrscheinlichkeit (P) von etwa 99,5 % in einem geschlossenen Intervall [m − 3σ; m + 3σ]; [10 − 9,463; 10 + 9,463]; [0; 19] liegen.

Unter Anwendung der Normalverteilung und Festlegung von Grenzwerten unter Anwendung der SPC wird ersichtlich, welche Antwortzeiten innerhalb der Grenzwerte des zweifachen Streumaßes +/−2σ um μ = 95,45 % = OWG und dem dreifachen Streumaß +/−3σ um μ = 99,73 % = OEG bleiben und welche nicht, wenn relativ kleine Stichproben n = 100 entnommen werden.

Mittels Weibull–Verteilung wird die Überlebenswahrscheinlichkeit von Komponenten (Bauteile wie Kühler und Stromversorgung), die unmittelbar der Funktionsfähigkeit von Rechnern dienen, über einen Zeitverlauf ermittelt. Die Verknüpfung aller Ansätze offenbart, dass mit steigender Laufzeit über die Lebensdauer hinweg die Wahrscheinlichkeit des Ausfalls peripherer Systeme und damit die des Gesamtsystems steigt. Daraus ist abzuleiten, dass das „schwächste Glied" in der Kette dafür verantwortlich sein kann, dass die Funktion eines Netzes durch Zunahme der F/A/S beeinträchtigt wird.

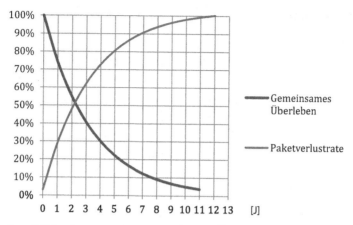

Abb. 4.6 Systeme Kühler, Stromversorgung, gemeinsames Überleben und steigende Paketverlustrate

Es reicht aus, dass ein peripheres System B1 oder ein anderes B2 versagt. Insofern ist die Gesamtausfallwahrscheinlichkeit des P(L) für die Wahrscheinlichkeiten P(A), P(B) wegen steigender Paketverlustraten gemäß Gln 4.8 und 4.9:

$$P(A \ oder \ B) = P(A \cup B) \tag{4.8}$$

$$P(L) = P(B1, B2) = P(R_{B1}(t) = e^{-\lambda * t} * R_{B2}(t) = e^{-\lambda * t}) \tag{4.9}$$

damit in Zusammenhang zu sehen (Abb. 4.6).

Daraus ist auch abzuleiten, dass, wie zu erwarten war, die Paketverlustrate in dem Maße steigt, wie das gemeinsame Überleben peripherer Geräte, hier Kühler, Stromversorgung) sinkt. Insofern stehen alle Ansätze in Beziehung zueinander (Abb. 4.6).

Skepsis tritt auf, wenn anhand der Verteilungsgrafik deutlich wird, dass eine bestimmte Verteilung (z. B. die Normalverteilung) möglicherweise kein passendes Modell für die gemessenen Variablen darstellt. Dies ist insofern zu hinterfragen, da in anfänglicher Unkenntnis der QoS Annahmen bezüglich der Verteilungsformen gemacht werden müssen.

4.9 Induktiver Ansatz für besondere Fälle, Schiefe der Verteilung und Zweigipfeligkeit

Beobachtete Verteilungsformen folgen nicht immer der symmetrischen Normalverteilung, sie weisen in der Regel Rechts- oder Linksschiefen auf. Ausgeprägte Schiefen weisen darauf hin, dass die beobachteten Ereignisse nicht unter die Normalverteilung passen, daher wird ein Prüfverfahren angewandt, welches überprüft, ob Ereignisse tatsächlich der Normalverteilung folgen.

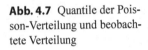

Abb. 4.7 Quantile der Poisson-Verteilung und beobachtete Verteilung

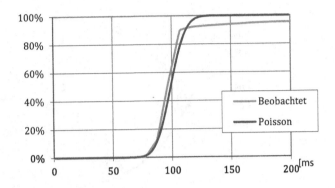

Da eine Verteilung aus additiver Überlagerung von Zufallseinflüssen entstehen kann, ist die Annahme plausibel, dass sich die messenden Merkmalswerte unter einer Poisson- respektive einer Normalverteilungskurve ausbilden.

Mit erstem Schritt erfolgt daher die Prüfung, ob die empirische Verteilung einer schiefen Poissonverteilung folgt, dieses ist der Abb. 4.7 zu entnehmen.

Bei der Betrachtung großer Erhebungsmengen, wie Abb. 4.7 zeigt, kann – entgegen der auch zuvor geteilten Auffassung – eine nicht symmetrische Ausprägung der Verteilung und eine Mehrgipfeligkeit beobachtet werden, Abb. 4.8.

Offensichtlich kann sie durch Populationen hervorgerufen werden; das sind Häufungen von Messwerten, die entlang einer Zeitachse unregelmäßig und unstrukturiert verzeichnet werden. Die folgende Abb. 4.9 zeigt diesen Sachverhalt entlang einer in Stunden skalierten Zeitachse.

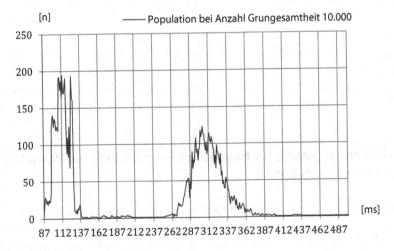

Abb. 4.8 Zweigipfeligkeit der Erhebung

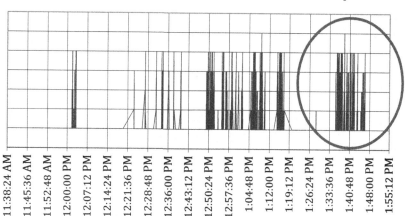

Abb. 4.9 Populationen

Mitunter offenbart sich eine Zweigipfeligkeit der Erhebung derart ausgeprägt, dass über weitere analytische Schritte nachgedacht werden muss, denn die Merkmalswerte Mittelwert und Streumaß entziehen der Beurteilung jegliche Signifikanz.

Daher wird der Auszug einer einzigen, rot umkreisten Population (Abb. 4.9 und 4.10) weiter analysiert, sie stellt sich in der Streckung der Zeitachse als offensichtlich normalverteilt dar.

Die Verteilung in Abb. 4.11 deutet daraufhin, dass im Zeitraum der Erstellung der ping-Statistik Änderungen unbekannter Ursache stattgefunden haben.

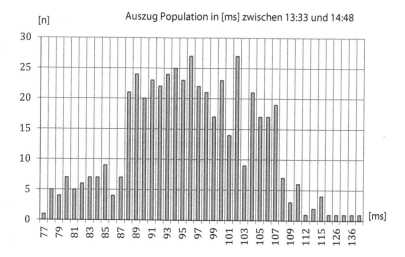

Abb. 4.10 Auszug einer Population

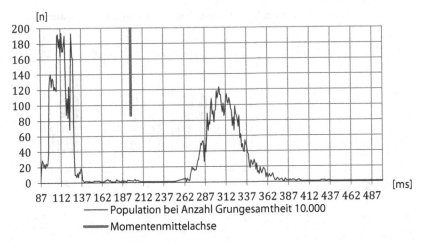

Abb. 4.11 Zweigipfeligkeit und Momentenachse

Ursache dafür kann z. B. die Änderung der Netzwerkziele von einem Zeitpunkt zum anderen in den Routingtabellen sein. Statistisch nachweisbar ist die Mehrgipfeligkeit dadurch, dass die Momentenmittelachse beider Verteilungen nicht mit einem Mittelwert zusammenfällt.

Einen weiteren Hinweis hierauf gibt insbesondere die Anschauung dass, selbst bei kleineren Messdaten aus einer Grundgesamtheit, eine Schiefe der Verteilung vorliegt. Damit verbunden ist sowohl die Verlagerung der Streumaße als auch der unteren und oberen Grenzwerte.

Alle erfolgten Erhebungen zeigten eine rechtsschiefe Verteilung der Messwerte, sodass der Verfasser Zweifel an der Richtigkeit der Verwendung der symmetrischen Verteilung hegt. So stellt sich heraus, dass wenn idealerweise ein arithmetischer und harmonischer Mittelwert zusammenfallen, es sich tatsächlich um eine symmetrische Verteilung des Streumaßes um einen arithmetischen Mittelwert handelt. Dann können alle zuvor beschriebenen Methoden können berechtigter Weise Anwendung finden.

Verdachtsmomente, wie zuvor aufgeführt, die vermuten lassen, dass eine Erhebung nicht der Normalverteilung folgt, können aber auch durch einen einseitigen Signifikanztest bestätigt bzw. widerlegt werden.

Es ist nicht anzunehmen, dass F/A/S in großer Anzahl innerhalb einer sehr kurzen Zeitspanne beobachtet werden, dagegen sprechen alle bisher gesammelten Messungen.

Doch sei in Bezug zu den zuvor beschriebenen Schiefen ergänzt, dass auch extreme Messwerte registriert werden können, die dann auch extrem schiefe Verteilungen aufzeigen.

Daher soll überprüft werden, inwieweit sich die Hypothese bestätigen lässt, dass die Populationen normalverteilt sind.

4.10   Induktiver Ansatz zur Überprüfung von Normalverteilungen mittels Hypothesentest

Ein Hypothesentest nach Kolmogorow-Smirnow, siehe dazu auch Tab. 4.4, soll beweisen, dass die Population gemäß Abb. 4.4 einer Normalverteilung folgt. Bekannt ist die Streuung bzw. die Varianz, σ^2.

Von der Zufallsvariablen X (ping Antwortzeiten in ms) liegen n Beobachtungen x_i (i = 1,..., n) vor. Diese empirische Verteilung wird mit der entsprechenden hypothetischen Verteilung der Grundgesamtheit verglichen.

Wird angenommen, dass die Stichprobenvariablen gemäß Gl. 4.10 X_1, ... X_n normalverteilt sind, dann gelte für die Stichprobe:

$$X_i = \{N(\mu, \sigma^2)\} \tag{4.10}$$

In der Annahme, dass die Stichprobe normalverteilte Werte liefert, wird die Hypothese H_0 aufgestellt, dass das statistische Merkmal X, die empirische Verteilungsfunktion F_x, mit der Teststatistik F_0 übereinstimmt (Gln. 4.11–4.15),

$$H_0 : F_x = F_0 \tag{4.11}$$

oder Alternativhypothese, dass sie mit der Teststatistik nicht übereinstimmt:

$$H_1 : F_x \neq F_0 \tag{4.12}$$

Es wird zunächst der Wert der Wahrscheinlichkeitsverteilung an der Stelle x_i bestimmt: $F_0(x_i)$. Gehorcht X der Normalverteilung, müssten die beobachtete Häufigkeit $S(x_i)$ und die erwartete Häufigkeit $F_0(x_i)$ in etwa gleich sein. Dazu werden die absoluten Differenzen d_{oi}, d_{ui} für jedes i, die absolute Differenz für den oberen Wert, ermittelt durch:

$$d_{oi} = /S_{xi} - F_o/; \; (\textit{für unten } d_{ui} = /S_{xi-1} - F_0/) \tag{4.13}$$

Für größere n werden sie näherungsweise mit Hilfe der Gl. 4.15 bestimmt:

$$d_\alpha = \frac{\sqrt{ln(2/\alpha)}}{\sqrt{(2n)}} \tag{4.14}$$

Aus allen berechneten Werten d_{oi} und d_{ui} wird der maximale Wert d_{max} gewählt.

Ist d_{max} größer als ein kritischer Wert d_α, wird die Nullhypothese zum Signifikanzniveau α abgelehnt. Nur für größere n wird der kritische Wert $d\alpha$ durch Gl. 4.15 berechnet.

Es soll geprüft werden, ob bei einem Signifikanzniveau $\alpha = 0{,}05$ die bekannten Parameter der Verteilung $\mu = 102$, $\sigma = 27$ von X gelten:

Tab. 4.4 Beobachtungswerte der Population und Kolmogorow-Smirnow-Test auf Normalverteilung

		Varianz	Mittelwert	Standardabw.			
		729	102	27			
n	beobachtet	i/53	kumuliert NORMVERT(xi;Mittelwert;Standardabw;1=kumuliert)			$d_\alpha = \dfrac{\sqrt{\ln\left(\frac{2}{\alpha}\right)}}{\sqrt{2n}}$	
i	x_i	$S(x_i)$	$F_o(x_i)$	$S(x_{i-1})-F_o(x_i)$	$S(x_i)-F_o(x_i)$	d_α krit	$S(x_{i-1})-F_o(x_i) < d_\alpha$ krit?
1	77	0,018867925	0,177	-0,177	-0,158	0,1848142	ja
2	78	0,037735849	0,187	-0,168	-0,149	0,1848142	ja
3	79	0,056603774	0,197	-0,159	-0,141	0,1848142	ja
4	80	0,075471698	0,208	-0,151	-0,132	0,1848142	ja
5	81	0,094339623	0,218				
6	82	0,113207547	0,229				
7	83	0,132075472	0,241				
8	84	0,150943396	0,252				
9	85	0,169811321	0,264				
10	86	0,188679245	0,277				
11	87	0,20754717	0,289				
12	88	0,226415094	0,302				
13	89	0,245283019	0,315				
14	90	0,264150943	0,328				
15	91	0,283018868	0,342				
16	92	0,301886792	0,356				
17	93	0,320754717	0,369				
18	94	0,339622642	0,384				
19	95	0,358490566	0,398				
20	96	0,377358491	0,412				
21	97	0,396226415	0,427				
22	98	0,41509434	0,441	-0,045	-0,026	0,1848142	ja
23	99	0,433962264	0,456	-0,041	-0,022	0,1848142	ja
24	100	0,452830189	0,470	-0,037	-0,018	0,1848142	ja
25	101	0,471698113	0,485	-0,032	-0,014	0,1848142	ja
26	102	0,490566038	0,500	-0,028	-0,009	0,1848142	ja
27	103	0,509433962	0,515	-0,024	-0,005	0,1848142	ja
28	104	0,528301887	0,530	-0,020	-0,001	0,1848142	ja
29	105	0,547169811	0,544	-0,016	0,003	0,1848142	ja
30	106	0,566037736	0,559	-0,012	0,007	0,1848142	ja
31	107	0,58490566	0,573	-0,007	0,011	0,1848142	ja
32	108	0,603773585	0,588	-0,003	0,016	0,1848142	ja
33	109	0,622641509	0,602	0,001	0,020	0,1848142	ja
34	110	0,641509434	0,616	0,006	0,025	0,1848142	ja
35	112	0,660377358	0,644	-0,003	0,016	0,1848142	ja
36	114	0,679245283	0,672	-0,011	0,008	0,1848142	ja
37	115	0,698113208	0,685	-0,006	0,013	0,1848142	ja
38	118	0,716981132	0,723	-0,025	-0,006	0,1848142	ja
39	126	0,735849057	0,813	-0,096	-0,077	0,1848142	ja
40	133	0,754716981	0,875	-0,139	-0,120	0,1848142	ja
41	136	0,773584906	0,896	-0,141	-0,122	0,1848142	ja
42	149	0,79245283	0,959	-0,186	-0,167	0,1848142	ja
43	165	0,811320755	0,990	-0,198	-0,179	0,1848142	ja
44	212	0,830188679	1,000	-0,189	-0,170	0,1848142	ja
45	214	0,849056604	1,000	-0,170	-0,151	0,1848142	ja
46	216	0,867924528	1,000	-0,151	-0,132	0,1848142	ja
47	217	0,886792453	1,000	-0,132	-0,113	0,1848142	ja
48	221	0,905660377	1,000	-0,113	-0,094	0,1848142	ja
49	253	0,924528302	1,000	-0,094	-0,075	0,1848142	ja
50	256	0,943396226	1,000	-0,075	-0,057	0,1848142	ja
51	930	0,962264151	1,000	-0,057	-0,038	0,1848142	ja
52	1023	0,981132075	1,000	-0,038	-0,019	0,1848142	ja
53	1160	1	1,000	-0,019	0,000	0,1848142	ja

$$H_0 : F_n = F_0 = N(n/\mu = 102\ \sigma^2 = 279) \tag{4.15}$$

Hieraus ergibt sich folgende Tab. 4.4(Auszug):

Es bezeichnen x_i die i-te Beobachtung, S(xi) den Wert der Summenfunktion der i-ten Beobachtung und $F_0(x_i)$ den Wert der Normalverteilungsfunktion an der Stelle x_i mit den genannten Parametern.

Die Spalten geben die oben angeführten Differenzen an. Der kritische Wert, der bei n=20 und α=0,05 zur Ablehnung führen würde, wäre derjenige Betrag, der 0,181 überschritten hätte. Das ist aber nicht der Fall und daraus folgt, dass die Hypothese, dass die empirisch ermittelte Erhebung der Normalverteilung folgt, zutrifft. Im Beobachtungsfall fällt die empirische Verteilung mit der theoretischen nahezu zusammen. Die nachfolgende Abb. 4.12 zeigt an einer weiteren UMTS-Erhebung eine symmetrische, empirische Verteilung, die offenbar ebenfalls auf eine Normalverteilung schließen lässt.

Alle Erhebungen, welche durch den Verfasser erstellt wurden, zeigen im Wesentlichen symmetrische Eigenschaften auf, selbst lange, stundenweise Aufzeichnungen, wie sie im Anhang aufgeführt sind, bestätigen diesen Sachverhalt. Trotzdem weist Mehrgipfeligkeit darauf hin, dass Parameterverschiebungen (Mittelwert und Streuung) zwingend beobachtet werden müssen – das Thema des folgenden Kapitels.

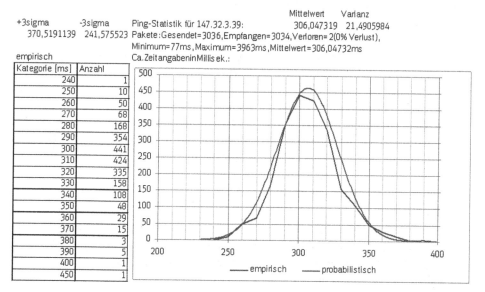

Abb. 4.12 Ping-Verteilung UMTS, Zeitstempel aus einer zweiten Erhebung, ermittelt am 18.08.2010 mittels Web&Walk-Karte

4.11   Induktiver Ansatz zur Prüfung kleiner Stichprobenumfänge über das Vertrauensintervall

Da aus Abb. 4.11 eine Zweigipfeligkeit hervorgeht, sei den Veränderungen der Prozesslage ein besonderes Augenmerk gewidmet, denn sie unterscheiden sich dort selbst „über den Augenschein" eklatant. Um derartige Veränderungen von Prozesslagen frühzeitig zu detektieren, muss es möglich sein, von kleinen, kontinuierlich entnommenen Stichproben auf mögliche Veränderungen der Parameter der Grundgesamtheit zu schließen. Das ist deshalb so wichtig, da QoS – Veränderungen bezüglich Mittelwert und Streuung folgenreich sein können, sofern sie sich negativ auf die Gesamtfunktion des Übertagungsprozesses auswirken können. Sie sind auch deshalb besonders zu beachten, da sie kontinuierlich in sehr kleinen Umfängen genommen werden müssen, um den Übertragungsprozess nicht signifikant zu stören und um dadurch nicht selbst zur Ursache von F/A/S zu werden. Definitionsgemäß ist ein Stichprobenumfang von $n < 30$ ein kleiner Stichprobenumfang, er unterliegt damit nicht mehr der Normalverteilung. Kleine Stichprobenumfänge sind derart unsicher in der Aussage, dass große Abweichungen zum Erwartungswert μ und Streuung σ auch größere Auswirkungen auf die Prozessfähigkeit erwarten lassen als die Erhebungen aus großen Stichprobenumfängen.

Der in der kontinuierlichen Stichprobenentnahme über ping bzw. tracert mögliche Stichprobenumfang pro Sekunde ist $n = 2$. Das ist eine sehr kleine Umfangsgröße aus der nicht geschlossen werden kann, ob die Prozesslage Veränderungen unterliegt. Man nutzt daher anstelle der Normalverteilung die Student-t-Verteilung, da diese für große Abweichungen vom Mittelwert und Streuung höhere Parameterwerte annimmt. Damit lässt sich abschätzen, ob die Stichproben innerhalb eines Vertrauensintervalls liegen, welches angibt, mit welcher Wahrscheinlichkeit die Stichprobenwerte dem wahren Parameter der Grundgesamtheit entsprechen.

Eine entsprechende t-Tabelle, Abb. 4.13, wurde mit MS-Excel aufgestellt:

Betrachtet wird dabei das zweiseitige Vertrauensintervall (VI), da sowohl der „rechts neben" als auch der „links neben" dem Erwartungswert $\mu_{u,o}$ ausgeprägten Streubereich $\sigma_{u,o} > < \mu$ von Bedeutung ist. Insofern ist der Freiheitsgrad = Stichprobengröße − 2.

Für eine Stichprobe von $n = 10$ ping innerhalb von 5 s ist dann der Freiheitsgrad = $10 - 2 = 8$, der t-Faktor 99 % VI = 3,36.

Daraus ergibt sich folgende Vorgehensweise:

Es wird von einem kontinuierlich beobachteten und erwarteten Mittelwert μ von 100 ms und einem Sigma $\sigma_{u,o}$ von 15 ms ausgegangen.

Überprüft wird die veränderte Prozesslage gegenüber $\mu_{u,o}$ mit einem Vertrauensintervall von $P_{u,o=}99\%$ gemäß Gln. 4.16 und 4.17. Dementsprechend müssen sich alle weiterhin beobachteten Mittelwerte in einem Intervall $\mu_{u,o}$ aufhalten:

$$\mu_u = X_{quer,u} - t^* \, s / n^{1/2},$$
$$= 100 - 3,36^* 15 / \sqrt{10}) = 85 \tag{4.16}$$

Freiheitsgrade	0.5	0.75	0.8	0.9	0.95	0.98	0.99	0.998
n	P für einseitigen Vertrauensbereich							
	0.750	0.875	0.900	0.950	0.975	0.990	0.995	0.999
1	1	2.41	3.08	6.31	12.71	31.82	63.66	318.31
2	0.82	1.6	1.89	2.92	4.303	6.965	9.925	22.327
3	0.77	1.42	1.64	2.35	3.182	4.541	5.841	10.215
4	0.74	1.34	1.53	2.13	2.776	3.747	4.604	7.173
5	0.73	1.3	1.48	2.02	2.571	3.365	4.032	5.893
6	0.72	1.27	1.44	1.94	2.447	3.143	3.707	5.208
7	0.71	1.25	1.42	1.9	2.365	2.998	3.499	4.785
8	0.71	1.24	1.4	1.86	2.306	2.896	3.355	4.501
9	0.7	1.23	1.38	1.83	2.262	2.821	3.25	4.297
10	0.7	1.22	1.37	1.81	2.228	2.764	3.169	4.144

Abb. 4.13 t-Verteilung für ein- und zweiseitiges Vertrauensintervall (Vertrauensbereich)

$$\mu_0 = X_{quer,\,0} + t^* s / n^{1/2},$$
$$= 100 + 3{,}36^* 15 / \sqrt{10}) = 116 \tag{4.17}$$

Wie Abb. 4.11 aufzeigte, weist der zweite Gipfel der QoS-Beobachtungsreihe darauf hin, dass sich das Vertrauensintervall erheblich verändert hat, denn die Messwerte wurden nicht in dem berechneten Intervall beobachtet. Daher ist die Prozessfähigkeit zu überprüfen und die Ursachen für die Abweichungen sind zu ergründen, möglicherweise stehen sie in Zusammenhang mit F/A/S-anfälligen Systemen, deren Betrachtung in folgendem Kapitel erfolgt.

4.12 Deduktiver Ansatz zur Auffindung F/A/S-anfälliger Systeme

Die Ursache für Prozessveränderung findet sich nicht nur in den äußeren Bedingungen, sondern auch in den inneren Eigenschaftsveränderungen der Systeme und deren Teile. Die vorangegangenen Ansätze gehen davon aus, dass sich empirische Verteilungen theoretischen „unterwerfen".

Dadurch ist es zwar möglich, auf das Verhalten von Systemen zu schließen – unbeachtet aber bleibt die Betrachtung, mit welcher Wahrscheinlichkeit F/A/S zu erwarten sind, wenn empirisch ermitteltes Verhalten statistisch bereits vorliegt.

Hierbei geht es um statistisch voneinander abhängige Ereignisse. Für die Unterstützung der frühzeitigen Identifizierung derjenigen Teilsysteme, die an den F/A/S abhängig beteiligt sind, bietet das Bayes'sche Theorem einen Ansatz.

Wenn aus den vorangegangenen Ansätzen bekannt wurde, dass:

- die Paketverlustrate mit ca. 3 % als niedrigstes Ausfallmaß auftritt,
- die Messwerte der Antwortzeiten sich innerhalb der Grenzwerte OWG; OEG aufhalten müssen,
- die Lebensdauern für elektronische Systeme $> 10^9$h, die gemeinsame Lebensdauer peripherer Geräte weilbullverteilt abnimmt und die Paketverlustrate dazu reziprok zunimmt,
- die Verteilung der Antwortzeiten – selbst bei grafisch schiefer Verteilung – normalverteilt ist,

bietet sich in Verbindung mit den weilbullverteilten Werten die Grundlage für eine Betrachtung der „Totalen Wahrscheinlichkeit".

Aus dem vorher genannten Theorem, der Ermittlung der „bedingten, abhängigen Wahrscheinlichkeit für das Überleben" gilt dann gemäß Gl. 4.18:

$$P(B/C) = P(C/B)*P(B)/P(C), \tag{4.18}$$

für welche die Totale Überlebenswahrscheinlichkeit ermittelt wird aus Gl. 4.19:

$$P(C) = P(C/A)*P(A) + P(C/B)*P(B). \tag{4.19}$$

Wird unterstellt, dass der zahlenmäßige Anteil der Kühler in Systemen 80 %, der Stromversorgungen 20 % beträgt und dass beispielsweise 60 von 100 Kühlern fünf Jahre überleben, aber nur jede 35ste von 100 Stromversorgungen (Abb. 4.14).

dann entfallen gemäß diesem „totalen Ansatz", Abb. 4.15, bis zu einem Zeitraum von fünf Jahren 29 % auf nicht überlebende Kühler, 14 % auf nicht überlebende Stromversorgungen.

Aus der instantanen Verknüpfung von beiden Fällen auf das kaum ausgeprägte Ausfallverhalten von Servern oder Routern und deren sehr lange Lebensdauer muss geschlossen

Abb. 4.14 Überlebenswahrscheinlichkeit Systeme Kühler, Stromversorgung bei fünf Jahren

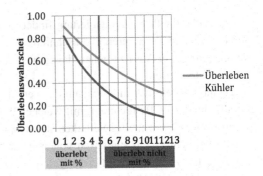

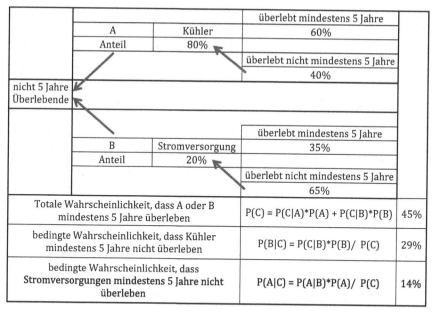

			überlebt mindestens 5 Jahre	
A	Kühler		60%	
Anteil	80%			
			überlebt nicht mindestens 5 Jahre	
			40%	
nicht 5 Jahre Überlebende				
			überlebt mindestens 5 Jahre	
B	Stromversorgung		35%	
Anteil	20%			
			überlebt nicht mindestens 5 Jahre	
			65%	
Totale Wahrscheinlichkeit, dass A oder B mindestens 5 Jahre überleben		P(C) = P(C|A)*P(A) + P(C|B)*P(B)		45%
bedingte Wahrscheinlichkeit, dass Kühler mindestens 5 Jahre nicht überleben		P(B|C) = P(C|B)*P(B)/ P(C)		29%
bedingte Wahrscheinlichkeit, dass Stromversorgungen mindestens 5 Jahre nicht überleben		P(A|C) = P(A|B)*P(A)/ P(C)		14%

Abb. 4.15 Totale und bedingte Überlebenswahrscheinlichkeiten nach fünf Jahren

werden, dass diese wohl zusammen mit den peripheren Geräten ausfallen werden, sofern diese versagen. Insofern gilt das Augenmerk den ersten Anzeichen sich ankündigender F/A/S hauptsächlich den peripheren Geräten.

In Kenntnis sowohl unabhängiger, zufälliger Messergebnisse als auch der Kenntnis bekannter Ergebnisse aus lang anhaltenden Messlaufzeiten kann aus Sicht des Verfassers eine schlüssige Methodik zur kontinuierlichen Bewertung der QoS angewendet werden. Damit kann dem Modell Best Effort objektive Unterstützung geboten werden, wenn es darum geht, die maximalen Anstrengungen zu relativieren.

4.13 Ausreißer, „Schwarze Schwäne"

Der Begriff „Schwarze Schwäne" ist verbunden mit Ereignissen, die sehr selten, allerdings wenn sie eintreten, katastrophalen Wirkungen haben. Sie liegen außerhalb des üblichen Bereichs der Erwartung, da in der Vergangenheit nichts Vergleichbares beobachtet wurde.

Aus Sicht der Statistik fallen derartige Ereignisse in die Gruppe der Ausreißer (5.13.2, rot umrandet).

Sie treten augenscheinlich und offensichtlich aus der visualisierten Aufzeichnung der ping-Statistik – in geringer Anzahl – hervor, Abb. 4.16. Sie heben sich aus Erhebungen dadurch hervor, dass Messwerte außerhalb von Interquartilsabständen detektiert wurden. Diese Indizien reichen allerdings nicht aus, um daraus die Qualität von „Schwarzen Schwänen" herzuleiten.

Abb. 4.16 Häufigkeitsverteilung, vermutliche Ausreißer,
rot gekennzeichnet

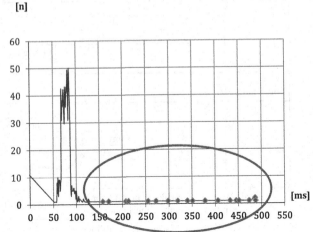

Im Folgenden wird daher eine Stichprobe von n = 100 aus einer ping-Statistik, siehe Tab. 4.5, aufsteigend geordnet und statistisch auf Ausreißer untersucht:

Werden die Werte grafisch dargestellt, so offenbaren sich eine Reihe derer, die den Toleranzbereich überschreiten.

Anhand dieser Stichprobe (für die gilt: m = 88,142 ms, s = 59,62 ms, Tab. 4.6) wird der Zusammenhang zu Ausreißern erläutert. Sie sind wie folgt definiert:

…ein Ausreißer ist ein Datenpunkt, der mehr als der 1.5 fache Interquartilsabstand (IQR) vom 3. Quartil bzw. vom 1. Quartil entfernt ist….

Tab. 4.5 Stichprobentabelle für n = 100

-1	64	74	84	94	105	130	305	406	475
51	65	75	85	95	106	157	308	432	476
54	66	76	86	96	107	170	319	435	486
57	67	77	87	97	112	207	340	437	487
58	68	78	88	98	114	213	344	445	490
59	69	79	89	99	115	255	351	450	493
60	70	80	90	100	118	272	378	451	496
61	71	81	91	101	125	276	379	457	499
62	72	82	92	102	126	277	362	461	502
63	73	83	93	104	128	298	384	473	505

Tab. 4.6 Quartilsabstände

Stellen	10	20	30	40	50	60	70	80	90	100
1	-1	64	74	84	94	105	130	305	406	475
2	51	65	75	85	95	106	157	308	432	476
3	54	66	76	86	96	107	170	319	435	486
4	57	67	77	87	97	112	207	340	437	487
5	58	68	78	88	98	114	213	344	445	490
6	59	69	79	89	99	115	255	351	450	493
7	60	70	80	90	100	118	272	378	451	496
8	61	71	81	91	101	125	276	379	457	499
9	62	72	82	92	102	126	277	382	461	502
10	63	73	83	93	104	128	298	384	473	505

Der Interquartilsabstand ist der Abstand zwischen dem 1. Quartil (=25%-Quartil) und dem 3. Quartil (=75%-Quartil), wie in der Tab. 4.6 dargestellt und gekennzeichnet.
    Es gelten daher für das 1. Quartil die Tabellenwerte an der Stelle

x = gerundet(0.25*(n + 1)),
x = gerundet(0,25*(100 + 1)) => Stelle 25 => 1. Quartil = 68,

für das 3. Quartil die Stelle

x = gerundet(0.75 * (n + 1)),
x = gerundet(0,75 * (100 + 1)) => Stelle 75 => 3. Quartil = 213,

für den IQR der Abstand

IQR = 3. Quartil − 1. Quartil,
IQR = 36 − 1 = 35.

Als Ausreißer sind dann Ereignisse in Verbindung mit Abb. 4.17 identifiziert, wenn sie die folgenden Quartilsgrenzen über- bzw. unterschreiten:

Ausreißer < 1. Quartil = 68 − 1,5*35 = 15,5
Ausreißer > 3. Quartil = 213 + 1,5*35 = 160,5.

Wie zuvor erläutert, wurden jene Ereignisse als Ausreißer identifiziert, die außerhalb der beschriebenen Grenzen detektiert werden.
    Treten Ereignisse bzw. Zufallsvariable Xi = {x1... x n} als Ausreißer in sehr dichter Folge auf, so können sie Dichten von „Schwarzen Schwänen" (16) annehmen, wie sie selten zu verzeichnen sind (wie in Abb. 4.18 gezeigt).

Abb. 4.17 Ausreißer gemäß Interquartilsabständen

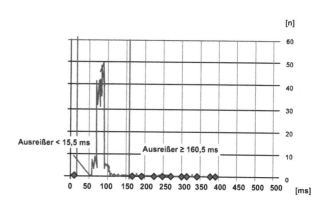

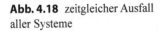

Abb. 4.18 zeitgleicher Ausfall
aller Systeme

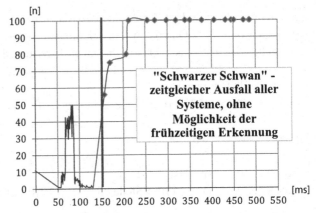

Das, was diese Ereignisse als selten charakterisiert, ist insbesondere ihr Auftreten in großer Anzahl innerhalb eines kurzzeitlichen Intervalls, vor welchem es nicht mehr möglich war, F/A/S zu detektieren. Unter ungünstigen Umständen sind sie Ursache für Folgeereignisse, deren Schadensausmaß extrem sein kann.

Desto wichtiger ist die Qualitätsüberwachung, die in folgendem Kapitel beschrieben wird.

Qualitätsüberwachung

5

Werden die zuvor genannten statistischen Ansätze und deren Methoden in Beziehung zu den zeitlichen Zusammenhängen der F/A/S -Offenbarung gesetzt, ergibt sich daraus ein Ablauf von Aktionsphasen für die Qualitätsüberwachung, der Folgendes beinhaltet:

- die Entnahme einer Grundgesamtheit, z. B. vor Inbetriebnahme, deren statistische Parameter, 1. maximale Paketverlustrate, 2. Mittelwert und 3. Streumaß als Qualitäts-Sollvorgaben für eine Lieferleistung dienen,
- die Stichprobenentnahme und der Test auf Normalverteilung, welche in regelmäßigen zeitlichen Abständen gezogen und mit der Sollvorgabe verglichen werden, deren Entnahmefrequenz dann erhöht wird, sobald das Ergebnis von Stichproben höher ausfällt als erwartet oder/und die Lebensdauererwartung sich deutlich der Phase nähert, in der verschleiß- oder altersbedingte Ausfälle gemäß Weilbullverteilung zunehmen,
- die Überwachung der Grenzwerte in den Stichproben, welche auf Redundanzen verweist, sobald die Messwerte dazu Anlass geben,

die Überleitung in den sicheren Zustand, sofern sich die signifikanten Ergebnisse aus den Stichproben innerhalb einer definierten Zeitspanne, z. B. die Übertragungszeit von Störmeldungen (s. Folgekapitel) nicht wieder den Sollvorgaben nähern und letztlich nicht mehr im Toleranzbereich beobachtet werden. Die Aktionsphasen der Qualitätsüberwachung werden in Abb. 5.1 im Zusammenhang mit der Ausfallrate dargestellt.

© Springer Fachmedien Wiesbaden 2014
M. Hellwig, V. Sypli, *Leit- und Sicherungstechnik mit drahtloser Datenübertragung,*
DOI 10.1007/978-3-658-05436-6_5

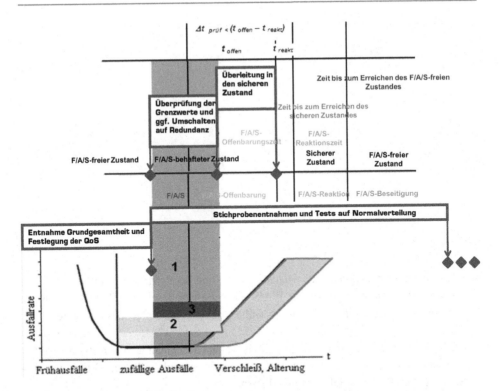

Abb. 5.1 Zeitgleicher Ausfall aller Systeme

5.1   Aktionsphasen der Qualitätsüberwachung

5.2   Ansatz zur Einhaltung der Übertragungszeit für Störmeldungen

Neben den zuvor dargestellten Zusammenhängen wirkt die Übertragungsdauer für Störmeldungen maßgeblich auf die QoS ein. Eine Störmeldung soll innerhalb einer, wie vor
definierter Zeitpanne, an eine Zentrale gemeldet sein. In [10], EN 50131-1 (Alarmanlagen–Einbruch-und Überfallmeldeanlagen (AÜA)–Teil 1: Systemanforderungen) werden
für die Übertragung von Gefahrenmeldungen sicherungsgradabhängig unterschiedliche
Ausführungsarten von AÜA (Alarmübertragungsanlagen) auf Basis der Normenreihe EN
50136 klassifiziert, von denen sich diese auch in vorangegangenem Kontext Folgende
wiederfinden:

- die höchste akzeptierte Übertragungsdauer und
- die maximale Zeitspanne für die Erkennung von Störungen.

Die Parameter sind durch ihre Formulierung deckungsgleich mit denen in den vorangegangenen Kapiteln. Insofern ist es notwendig festzustellen, unter welchen Konditionen
die zuvor genannte Zeitspanne eingehalten werden kann. Hierfür wird angenommen, dass
eine vollständig erfasste Störmeldung (Übertragung Telegramm) von einem Feldelement
an eine Zentrale folgende Phasen für eine statistische Prozesskontrolle benötigt.

5.3   Zusammenfassung und Wertung der Ansätze in einer Handlungsempfehlung

Werden alle Ergebnisse aus den vorangegangenen Ansätzen zusammengefasst, lässt sich
folgende Handlungsweise daraus herleiten. Sollen bidirektionale Verbindungen hinsichtlich ihrer Übertragungsgüte (QoS) überwacht werden, sodass anhand einer SPC im prädi-
agnostischen Sinne F/A/S frühzeitig erkannt werden, ist festzustellen, dass

- die Herstellung einer bidirektionalen Verbindung getrennt nach Hin- und Rückweg,
  und zwar von Informationsquelle zur – senke und umgekehrt, beobachtet werden muss,
- die Verbindung als solche festgelegte Grenzwerte – die höchste akzeptierte Übertragungsdauer bzw. Antwortzeiten – nicht überschreiten soll,
- bei Ankündigung von Grenzwertüberschreitungen verschärfte Beobachtungen durch
  häufigere Stichprobenentnahme und Prüfung der Paketverlustrate durchgeführt werden,
- die maximale Zeitspanne für das Erkennen eine festgelegte Dauer nicht überschreiten
  darf, da der Erkennungsprozess nicht gewährleistet ist,
- bei Feststellung des Überschreitens der Grenzwerte eine Übertragung von Störmeldungen nicht möglich ist. Damit ist zwingend zu veranlassen, dass auf eine Redundanz
  umgeschaltet wird.

Die wesentlichen Phasen der vorher genannten Punkte sind in einer SPC-Grafik und einer
Shewhartregelkarte (Abb. 5.2) dargestellt.

Die Grundgesamtheit entstammt einer ping-Statistik. Für eine Grundgesamtheit von
$n = 104$ ping Zeilen wurden je nach angewendetem Mobilfunkstandard (UMTS, GPRS)
unterschiedliche Mittelwerte (m) für Antwortzeiten anhand von ping-Statistiken (ping
cvut.cz –n 10000 > c:\[filename].txt, Bytes = 23; TTL = 46) mit der benutzten Hard-/Soft-
ware festgestellt. Das sind für UMTS $m = 137$ ml; Paketverlust 1 von $10.000 = 0,01\%$,
GPRS $m = 529$ ml; Paketverlust 39 von $10.000 = 0,39\%$.

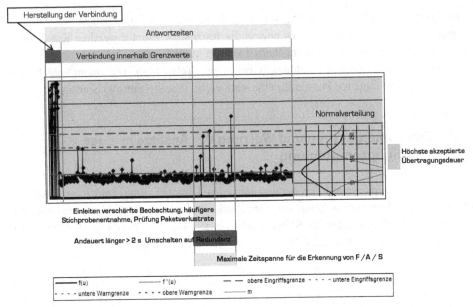

Abb. 5.2 Ansatz zur Einhaltung der Übertragungszeit für Störmeldungen

5.4   SPC (Statistical Process Control)

Vor Darstellung der Methode sei umrissen, welchen sinnvollen Hintergrund der Verfasser bei der Verwendung von SPC im Kontext dieser Arbeit sieht.

Es wird auszugsweise zitiert [3]:

> …Shewhart ging von der Vermutung aus, dass die Qualität des Endproduktes im Wesentlichen von der Kombination der Streuung der Parameter der Einzelteile abhängt. Als Ursache für diese Streuung fand er zwei grundsätzlich verschiedene Mechanismen:
> 1. Streuung aufgrund von allgemeinen Ursachen (zufällige Abweichungen vom Mittelwert, die sich aufgrund eines stochastischen Prozesses erzeugt physikalisches Rauschen und
>   – Streuung aufgrund von besonderen Ursachen (Materialfehler, Maschinenfehler, Konstruktionsfehler, etc.). SPC dient dazu, ein vordefiniertes Maß an Qualität möglichst kostengünstig einzuhalten, sie ist ungeeignet, die Qualität von Produkten zu erhöhen. Eine über das benötigte Maß hinausgehende Qualitätslage hätte zusätzliche Kosten zur Folge, denen nur ein unwesentlicher zusätzlicher Nutzen zugeordnet wäre….

Der Verfasser geht davon aus, dass die vorgeschlagene Auswertung der statistischen Erhebungen aus Grundgesamtheit und Stichproben – sofern diese kontinuierlich erfolgt – einen wesentlichen Beitrag zur Stabilisierung der Kommunikationsprozesse, und damit zur Qualität der Zuverlässigkeit leisten kann.

Die vorgeschlagenen Überwachungsphasen entstammen auch aus der Diskussion mit der Deutschen Gesellschaft für Qualität (DGQ) mit folgenden Annahmen des Verfassers und Stellungnahmen der DGQ: [12] Annahmen Verfasser/Stellungnahmen DGQ, Lunau, Christoph, Elmar Hillel [mailto:cl@dgq.de] Gesendet: Montag, 16. Juli 2012 07:21:

Annahme 1

Werden zwischen Senderquelle und Ziel einzelne Knoten für die Übertragung genutzt, so stellt sich eine Ping-Sammlung offensichtlich unter eine Normalverteilung.

Stellungnahme 1

…Da die Normalverteilung aus additiver Überlagerung von Zufallseinflüssen entsteht, ist die Annahme plausibel. Bei symmetrischer Verteilung der Laufzeiten von Knoten zu Knoten dürfte schon eine Kette einer Stichprobengröße von n größer ungefähr 5 Ereignissen reichen. Bei sehr schiefer Verteilung der Einzel-Laufzeiten kann dazu auch $n > 20$ nötig sein.…

Annahme 2

Interessant und wichtig ist der Zeitpunkt im Übergang zwischen konstanter und zunehmender Fehlerrate (Weibull-Badewanne).

Stellungnahme 2

…Ein solcher Übergang ist bei der Signalübertragung nur plausibel, wenn die Übertragungswege (Kontakte, Kabel) physisch altern. Ausfälle bei der Signalübertragung führen andernfalls eher zu Sprungübergängen bei der Ausfallrate – sprich unterschiedlich hohen Bodenpartien der Badewanne.…

Annahme 3

Genau dieser Übergang soll mit Stichproben überwacht werden, um über frühzeitig sich ankündigende Probleme auf Ersatzsysteme zu schalten.

Stellungnahme 3

…Das sollte mit attributiver Prüfung auf Signalausfälle nach ISO 2859-1 oder mit einer x-Qualitätsregelkarte anhand vorgegebener Prüfzeiten klappen.…

Ann ahme 4

Deshalb soll aus einer normalverteilten Ping-Grundgesamtheit die Qualität des konstanten Teils hergeleitet und diese mit Stichproben rhythmisch überprüft werden.

Stellungnahme 4

…Das kann mit Qualitätsregelkarten (x-quer/s) oder messender Prüfung nach ISO 3951 klappen. Versuchsergebnisse aus einem Vorlauf sind in beiden Fällen nötig.…

5.5 Shewhartregelkarte, (x-quer/S) Qualitätsregelkarte

Betrachtung multipler Kommunikationswege in einem Netz

6

Wie zu Beginn der Arbeit veranschaulicht, besteht ein modernes Netzwerk aus den Elementen Netzwerk-Networkmanagement, den Gateways und den Feldelementen (Field Devices). Bei komplexen Netzwerken wie es bei GSM-R der Fall ist, ist das Netzwerkmanagement auf kontinuierliche Information über den Zustand des Netzwerks angewiesen.

Die in Abb. 6.1 dargestellte Topologie ist typisch für die Ausprägung der Netze und der Verfasser geht davon aus, dass das Bahn-GSM-R ähnlich strukturiert ist. Das heißt, dass ein wie dargestelltes, flexibles Netzwerk durch die robuste (redundante) multi-hop-Kommunikation, eben durch das hohe Verhältnis von Kanten zu Knoten, intensiver Beobachtungs- und Steuerungsmethoden und – maßnahmen bedarf.

Das mag zunächst als Nachteil angesehen werden. Andererseits bringt es den Vorteil mit sich, sollte es notwendig sein, Feldelemente aus der Ferne sicher zu überwachen oder auch zu steuern, dass alle relational verknüpften Stellwerksgruppen dazu beitragen könnten, Engpässe dadurch zu bewältigen, dass sie als redundante Systeme zur Verfügung stehen – insbesondere verständlicherweise dann, wenn frühzeitig F/A/S offenbart werden, wie es in den vorangegangenen Kapiteln der QoS-Thematik beschrieben wurde.

6.1 Übereinstimmung zwischen beherrschtem Prozess und Zuverlässigkeit (A_D, Availability$_{Duration}$)

Mit Fug und Recht wird festgestellt, dass – wird (14) (DIN 40041:1990-12) zur Definition des Begriffes Zuverlässigkeit als zusammenfassender Ausdruck für die Funktionszuverlässigkeit zitiert:

> …Beschaffenheit einer Einheit bezüglich ihrer Eignung, während oder nach vorgegebenen Zeitspannen bei vorgegebenen Anwendungsbedingungen die Zuverlässigkeitsforderung zu erfüllen… -

© Springer Fachmedien Wiesbaden 2014
M. Hellwig, V. Sypli, *Leit- und Sicherungstechnik mit drahtloser Datenübertragung,*
DOI 10.1007/978-3-658-05436-6_6

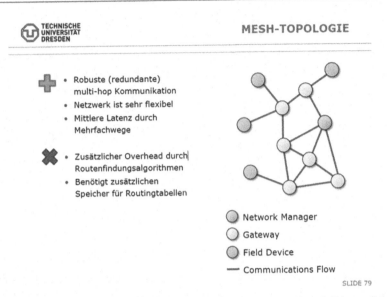

Abb. 6.1 Topologie. (Quelle: http://www.inf.tu-dresden.de/content/institutes/iai/tis-neu/lehre/files/
DudSAN/Drahtlose_Bussysteme-Teil_2_Protokolle)

der Begriff des „beherrschten Prozesses" im Sinn der QoS darin eingeschlossen ist, denn
die Abbildung des einen auf den anderen Begriff ist eindeutig umkehrbar, was durch die
vorgestellten Kapitel belegt werden sollte.

Es lassen sich daher folgende Gemeinsamkeiten skizzieren:

- Die *„Beschaffenheit der Einheit bezüglich ihrer Eignung"* entspricht dem SLA, beschrieben durch die Parameter der Erhebung Mittelwert und der Streuung.
- *„Während oder nach vorgegebenen Zeitspannen bei vorgegebenen Anwendungs-bedin-
gungen"* entspricht den Stichprobenentnahmen in zeitlich definierten Abständen unter
betrieblichen Umständen.
- *„die Zuverlässigkeit zu erfüllen"* und sich daher innerhalb von definierten Grenzwerten bewegen entspricht den qualitativen Vorgaben, die aus einer Grundgesamtheit von
Merkmalswerten ermittelt werden.

Ein Zusammenhang besteht unmittelbar zwischen Zuverlässigkeit und der Prozessfähigkeit der Systeme.

Sichern die vorgestellten Methoden die Prozessfähigkeit im Sinne der beschriebenen
Prävention, streben Ausfallrate μ und Reparaturrate λ gegen 0, strebt die Zuverlässigkeit
(A_D) gegen 1. Dieser Zusammenhang wird dargestellt in (15):

Gegenwärtige Forschungsschwerpunkte und künftiger Forschungsbedarf zur Bahntelematik November 2006 Trinckauf: Bahntelematik Einflüsse auf RAMS (Reliability, Availability, Maintainability Railways) im Bahnsystem Folie 35, Gl. 6.1:

$$A_D = \frac{\mu}{\mu + \lambda} \ f\ddot{u}r\,t > \infty \tag{6.1}$$

$$f\ddot{u}r\,\mu > 0, \lambda > 0$$

Daraus folgt, dass auch der prozentuale Ausdruck in analogem Maße sinkt:

$$A\% = \frac{MTBF - MTTR}{MTBF},$$

denn weil $MTBF = \frac{1}{\lambda}$, bzw. $MTTR = \frac{1}{\mu}$ folgt hier $MTTR > 0;\, A\% > 100\,\%$

Besteht das Risiko für ein über Kabel kommunizierendes Netzwerk eher darin, dass es empfindlich für Vandalismus ist, verständlicherweise besonders bei ferngestellten Feldelementen, die sehr weit von einer Zentrale liegen, so besteht in kabellosen Netzwerken eher das Risiko, dass nachrichtentechnische Systeme Angriffen von Dritten ausgesetzt sind. Damit gemeint ist die Sicherheit des Datentransfers (Kodierung und Fehleroffenbarung) (Abb. 6.2).

Allerdings verhindern dort Sicherungsstandards weitestgehend den Zugriff auf die Bahnsicherungstechnik. Insofern beschränkt sich das Risiko der Kommunikation bei kabellosen Anwendungen auf den Güteverlust des Netzwerks im Fall von F/A/S und auf die daraus resultierenden Folgen, wie es zuvor dargestellt wurde.

Auch sind die sogenannten „Rückfallebenen" in den über Kabel kommunizierenden Netzwerken durch Dopplung der Leitungswege, sei es durch Kupferkabel oder Lichtleitersystemen, offensichtlich unvermittelter hergestellt. Hingegen sind in kabellosen Systemen Rückfallebenen über redundante Übertragungseinrichtungen herzustellen.

6.2 Darstellung des Risikos in einem 2 aus 3-System

Ist das ursprüngliche Initialrisiko dadurch begründet, dass im negativen Fall das Übertragungssystem und damit der Bahnverkehr zum Erliegen kommt, so mag daraus ein finanzieller Schaden entstehen, der gemäß DB Fahrgastrecht (16) dem Fahrgast folgende Entschädigung zuspricht:

...Ab 60 Min. Verspätung erhalten Sie eine Entschädigung von 25 %, ab 120 Min. von 50 % des gezahlten Fahrpreises für die einfache Fahrt, bei Fahrkarten für Hin- und Rückfahrt berechnet auf die Hälfte des gezahlten Fahrpreises. Der ICE Sprinter-Aufpreis wird ab 30 Min. Verspätung entschädigt....

Gemäß Formel $Ri = Hr * Da$ beträgt das Risiko in zeitlicher Näherung an die Ausfall- und Verschleißphase entsprechend den dargestellten Überlebenswahrscheinlichkeiten für kabellos überwachte Elemente der Fahrwegsicherung infolge des Ausfalls der Übertra-

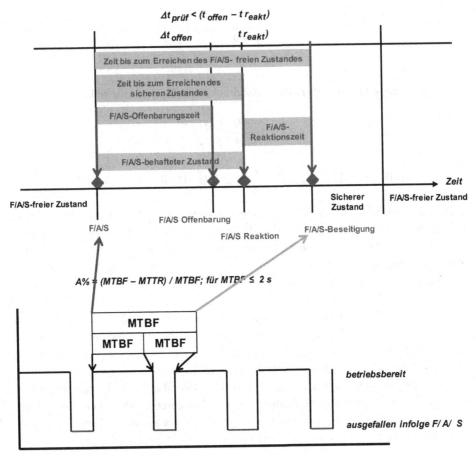

Abb. 6.2 MTTR für 1 System strebt gegen 0, A% strebt gegen 100%

gungsleistung 100% pro Vorfall, der den Bedingungen des zuvor aufgeführten Zitates entspricht.

Dadurch aber, dass es durch Früherkennung/Beobachtung mittels vorgestellter, statistischer Methoden als auch vorzeitiger Einschätzung des Ausfallverhaltens über die Zeit gemäß Bayes möglich erscheint, das Verhalten des Gesamtsystems positiv zu beeinflussen, kann das vorher genannte Risiko für 1 System gegen 0 laufen.

Das setzt aber auch voraus, dass die beschriebenen Ersatzsysteme bereits dann aktiviert sind, wenn kritische Überschreitungen der QoS eintreten könnten. Ersatzsysteme sollten daher bereits über die Routingpriorisierung eingebunden und verfügbar sein.

Dafür mag die Überlegung herhalten, dass die Trinomialverteilung eine Wahrschein-lichkeitsberechnung für verschiedene Fälle für die Parameter Priorisierung und Leistung von Knoten gemäß Gl. 6.2 erlaubt:

$$P = (X = x) = \frac{n!}{x1!x2!x3!} \, p1^{x1} \, p2^{x2} \, p3^{x3} \ mit \ \pi1 + \pi2 + \pi3, \pi1, \ldots \pi3 \geq 0 \qquad (6.2)$$

Beispiel:

Ein System wird von 3 Knoten versorgt, deren gemeinsame Leistung 100 % ist.

Dabei gilt gemäß Routingtabelle die Priorisierung, dass das 1. System mit 60 %, das 2. System mit 20 %, das 3. mit 20 % priorisiert wird.

Dazu erfolgt die Fragestellung: Mit welcher Wahrscheinlichkeit trifft die Priorisierung zu, dass 90 % vom ersten, 5 % vom zweiten und 5 % vom dritten Knoten übertragen wer-den?

Die Wahrscheinlichkeitsberechnung gemäß Tab. 6.1 ergibt dafür 53,75 %.

Stufenweise Veränderungen der Priorisierung der Knoten bei konstanter Leistungs-fähigkeit verursachen folgende Veränderungen der Wahrscheinlichkeiten bezüglich einer anfänglichen Basis, wie sie in den folgenden Tab. 6.2, 6.3, 6.4 und 6.5 exemplarisch dar-gestellt sind:

Die Anpassung der Leistung der Knoten alleine durch lineare Anpassung der Stufen um 10 % führt nicht zu signifikanter Veränderung 1 der Wahrscheinlichkeiten.

Erst die Veränderung 2 der Priorisierung mit gleichzeitiger Veränderung 3 der Leistung der Knoten versetzt die Wahrscheinlichkeiten P(X = x) wieder in die gleiche Lage wie zu Anfang.

Tab. 6.1 Wahrscheinlichkeiten für Priorisierungen

Priorisierung gesamt Pakete	n	100 %
Priorisierung 1. Knoten	x1	90 %
Priorisierung 2. Knoten	x2	5 %
Priorisierung 3. Knoten	x3	5 %
Leistung 1. Knoten	$\pi1$	60,0 %
Leistung 2. Knoten	$\pi2$	20,0 %
Leistung 3. Knoten	$\pi3$	20,0 %
Funktionsfähigkeit alle Knoten		100,0 %

$$P(n) = \frac{1,00E+00}{1,00E+00} \quad 63,145\,\% \ \times \ 92,268\,\% \ \times \ 92,268\,\%$$

$$P(X = x) = \quad 53,75\,\%$$

Tab. 6.2 Wahrscheinlichkeiten des Zutreffens von Priorisierung in Verbindung mit der Leistung, anfängliche Basis

Stufe		1	2	3	4	5	6	7
Priorisierung gesamt Pakete	n	100%	100%	100%	100%	100%	100%	100%
Priorisierung 1. Knoten	x1	90%	80%	70%	60%	50%	40%	30%
Priorisierung 2. Knoten	x2	5%	10%	15%	20%	25%	30%	35%
Priorisierung 3. Knoten	x3	5%	10%	15%	20%	25%	30%	35%
Leistung 1. Knoten	$\pi1$	90%	80%	70%	60%	50%	40%	30%
Leistung 2. Knoten	$\pi2$	5%	10%	15%	20%	25%	30%	35%
Leistung 3. Knoten	$\pi3$	5%	10%	15%	20%	25%	30%	35%
Funktionsfähigkeit alle Knoten		100,0%	100,0%	100,0%	100,0%	100,0%	100,0%	100,0%
$P(X = x) =$		0,67	0,53	0,44	0,35	0,35	0,34	0,33

Tab. 6.3 Wahrscheinlichkeiten des Zutreffens von Priorisierung in Verbindung mit der Leistung, Veränderung 1

Stufe		1	2	3	4	5	6	7
Priorisierung gesamt Pakete	n	100%	100%	100%	100%	100%	100%	100%
Priorisierung 1. Knoten	x1	90%	80%	70%	60%	50%	40%	30%
Priorisierung 2. Knoten	x2	5%	10%	15%	20%	25%	30%	35%
Priorisierung 3. Knoten	x3	5%	10%	15%	20%	25%	30%	35%
Leistung 1. Knoten	$\pi1$	80%	70%	60%	50%	40%	30%	20%
Leistung 2. Knoten	$\pi2$	10%	15%	20%	25%	30%	35%	40%
Leistung 3. Knoten	$\pi3$	10%	15%	20%	25%	30%	35%	40%
Funktionsfähigkeit alle Knoten		100,0%	100,0%	100,0%	100,0%	100,0%	100,0%	100,0%
$P(X = x) =$		0,65	0,51	0,43	0,35	0,35	0,33	0,32

Tab. 6.4 Wahrscheinlichkeiten des Zutreffens von Priorisierung in Verbindung mit der Leistung, Veränderung 2 und 3

Stufe		1	2	3	4	5	6	7
Priorisierung gesamt Pakete	n	100%	100%	100%	100%	100%	100%	100%
Priorisierung 1. Knoten	x1	5%	10%	15%	20%	25%	30%	35%
Priorisierung 2. Knoten	x2	90%	80%	70%	60%	50%	40%	30%
Priorisierung 3. Knoten	x3	5%	10%	15%	20%	25%	30%	35%
Leistung 1. Knoten	$\pi1$	5%	10%	15%	20%	25%	30%	35%
Leistung 2. Knoten	$\pi2$	90%	80%	70%	60%	50%	40%	30%
Leistung 3. Knoten	$\pi3$	5%	10%	15%	20%	25%	30%	35%
Funktionsfähigkeit alle Knoten		100,0%	100,0%	100,0%	100,0%	100,0%	100,0%	100,0%
$P(X = x) =$		0,67	0,53	0,44	0,35	0,35	0,34	0,33

Tab. 6.5 Wahrscheinlichkeiten des Zutreffens von Priorisierung in Verbindung mit der Leistung, Veränderung 4 und 5

	Stufe	1	2	3	4	5	6	7
Priorisierung gesamt Pakete	n	100%	100%	100%	100%	100%	100%	100%
Priorisierung 1. Knoten	x1	0%	5%	10%	15%	20%	25%	30%
Priorisierung 2. Knoten	x2	100%	90%	80%	70%	60%	50%	40%
Priorisierung 3. Knoten	x3	0%	5%	10%	15%	20%	25%	30%
Leistung 1. Knoten	$\pi 1$	1%	2%	3%	4%	5%	6%	7%
Leistung 2. Knoten	$\pi 2$	98%	96%	94%	92%	90%	88%	86%
Leistung 3. Knoten	$\pi 3$	1%	2%	3%	4%	5%	6%	7%
Funktionsfähigkeit alle Knoten		100,0%	100,0%	100,0%	100,0%	100,0%	100,0%	100,0%
P(X = x) =		0,98	0,65	0,47	0,28	0,28	0,23	0,19

Erst hohe Veränderung 4 der Priorisierung und hohe Veränderung 5 der Leistung für 1 System stellt sicher, dass auch Leistung mit hoher Wahrscheinlichkeit übertragen wird.

Daraus ist zu schließen, dass nicht die Verteilung der Leistung auf Redundanzen allein den Schlüssel zu einer guten Prozessfähigkeit darstellt, sondern auch das Aufrechterhalten derselben für jedes Einzelsystem und jede Komponente.

Im Gegenzug dazu kann die Bereitstellung der Redundanzen erheblich dazu beitragen, die Wahrscheinlichkeit des Falles einer MTTR für das Gesamtsystem zu verringern.

Dieses sei nachfolgend dadurch dargestellt, dass die Zeitspannen der Betriebsbereitschaft (grün, rot überlagernd) von mindestens 2 redundanten Systemen die Zeitspannen des Ausfalls überdecken können, siehe Abb. 6.3.

Dass sich selbst in dieser grafisch offensichtlich vollständigen Überdeckung von MTTR Wahrscheinlichkeiten „einschleichen", kann aus dem Praktikumsbericht (5) „AUSFALL-RATEN" vom 18.07.2008 von Claudia Hallau entnommen werden:

…Mit der Voraussetzung, dass alle Einheiten identische Ausfallraten besitzen, folgt daraus für die Überlebenswahrscheinlichkeit folgende Gleichung, wenn die Überlebenswahrscheinlichkeiten $R_n(t)$ zu Systemen $_n$ gehört.…

Dieser Zusammenhang wird in folgender Gl. 6.3 ausgedrückt:

$$R(t) = R1(t)R2(t)F3(t) + R1(t)R3(t)F2(t)$$
$$+ R2(t)R3(t)F1(t) + R1(t)R2(t)R3(t) \tag{6.3}$$

Da die Komponenten eine gemeinsame Ausfallrate und Überlebenswahrscheinlichkeit besitzen, vereinfacht sich vorherige Gleichung zu Gl. 6.4:

$$R(T) = 3R1^2(t) - 2R1^3(t) \tag{6.4}$$

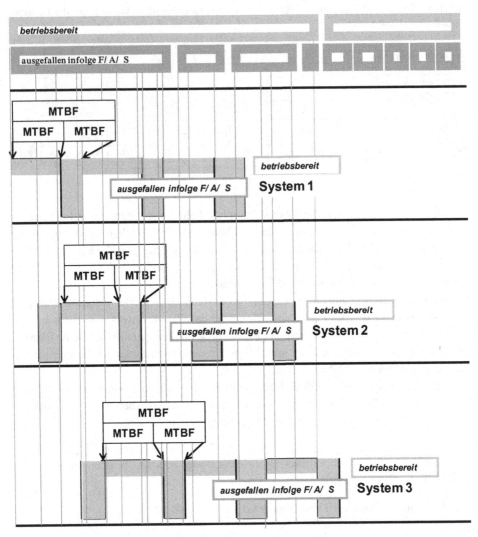

Abb. 6.3 gegenseitige Überdeckung einzelner MTTR durch Betriebsbereitschaft redundanter Systeme

Aus der Verknüpfung der Ansätze des Kap. 6.12 in Verbindung mit „Überlebenswahrscheinlichkeit Systeme Kühler, Stromversorgung, gemeinsames Überleben und steigende Paketverlustrate" werden ca. 50 % bis ins 2. Jahr nach Inbetriebnahme der Systeme überleben.

Gemäß vorherig genannter Gl 6.3 ergibt sich dann:

$$R(t) = 3*0,50^2 - 2*0,50^3 = 0,75 - 0,375 = 0,375 = 37,5\%$$

Da, wie beschrieben, nicht die Rechnersysteme, sondern eher die peripheren Systeme innerhalb der ersten 5 Jahre nach Inbetriebnahme zu beschriebenen Prozentsätzen ausfallen, sei an dieser Stelle darauf hingewiesen, dass, trotz verfügbarer Ersatzsysteme, die sich betrieblich ergänzen mögen, der QoS über ein SPC besonderer Aufmerksamkeit geschenkt werden soll. Die Mehrung von Ersatzsystemen mag nicht erheblich zur Verbesserung der QoS beitragen, denn selbige unterliegt einer Sättigungskurve, die hier nicht beschrieben ist. In diesem Sinne, sei bemerkt, dass „mehr System" nicht „mehr QoS" bringt.

6.3 Risikotabelle für zwei exemplarische Fälle

Es wurde das Risiko (Ri) definiert durch zwei Faktoren, der Schadenseintrittswahrscheinlichkeit (Hr, Hazardrate) und des Schadensausmaßes (Da, Damage):

$$Ri = Hr * Da$$

In Tab. 6.6 wird das Risiko von zwei Fällen in Verbindung mit den vorangegangenen Ansätzen hergeleitet. Das sind Folgen und finanzieller Schaden, die dadurch entstehen mögen, dass Verspätungen durch Irritationen der Zugfolge entstehen.

Sie ist unterteilt in die Spalten Mängeltyp, H (Hazard), QoS (Quality of Service, Dienstgüte), Hr aus veränderlicher Überlebenswahrscheinlichkeit, Da (Damage, Schaden) und Hr (Hazardrate) unter Berücksichtigung ihrer Veränderlichkeit unter Einfluss der Überlebenswahrscheinlichkeit der Systeme Kühler, Stromversorgung, gemeinsames Überleben und steigender Paketverlustrate. Als mittleres Schadensgrundmaß für eine Pönale (Fahrpreisentschädigung) wurde ein stündlicher €-Betrag von 200.- angenommen.

Nach allen vorangegangenen Darstellungen der Zusammenhänge, welche die Dienstgütequalität – aus Sicht des Verfassers und der in der Danksagung aufgeführten Personen – beschreiben, sollen nun Zusammenfassung und Ausblick folgen.

Tab. 6.6 Risikotabelle für zwei exemplarische F/A/S-Fälle

Mängeltyp	H			QoS			Hr aus veränderlicher Überlebenswahrscheinlichkeit				
	Qualitätsmangel	Indikation	Erkennungs-merkmal	Ursache (Beispiele)	Qualitätsparameter, F/A/S Eintrittswahrscheinlichkeit	Parameterwert	Überlebenswahrscheinlichkeit				
				a1	a2	a3 (zur Inbetriebnahme)	a4 (zur Inbetriebnahme)	a5 (Jahr 1 nach Inbetriebnahme)	a6 (Jahr 2 nach Inbetriebnahme)	a7 (Jahr 5 nach Inbetriebnahme)	a8 (Jahr 10 nach Inbetriebnahme)
Fehler / Ausfall /Störung (F/A/S)	Übertragungsfehler erzeugen steigende Paketverlustrate und / oder Laufzeiten überschreiten Toleranzbereich	Driftausausfall, schleichender Ausfall, der Peripherie (Stromversorgungen, Kühlung) des Systems aufgrund Mangel an Wartung, Alterung und Verschleiß.	Erkennung durch Unerreichbarkeit der Router/ Server bis zum Stillstand	Alterung, Verschleiß Kühlsysteme	Q=1-P = 1-0,005	99,50%	99,50%	89,55%	79,60%	59,70%	36,82%
Fehler / Ausfall /Störung (F/A/S)	Übertragungsausfall erzeugt spontane Ausfälle an unbestimmten Teilen des Übertragungssystems	Initialrisiko durch Stromausfall durch Unwetter, Blitzeinschlag, Spontanausfall des Datenverkehrs über alle Elemente hinweg, Systemstillstand	Erkennung durch spontanen Stillstand des Übertragungssystems	Überlastung Stromversorgung	Q=1-P = 1-0,005	99,50%	99,50%	79,60%	66,67%	36,82%	8,96%

Ri = Hr * Da

Schadensbeschreibung	Pönale (Da)	Einheit (h,n)	Fälle	Pönale * Einheit	geschätztes Risiko bei Eintrittswahr-scheinlichkeit 100%	Risiko gemäß a4	Risiko gemäß a5	Risiko gemäß a6	Risiko gemäß a7	Risiko gemäß a8	Beschreibung
c	d	e	f	g	h	i1	i2	i3	i4	i5	f
Verzögerungen im Datenverkehr über alle Elemente hinweg und zeitlich langerem Lauf über andere Router. Es entsteht finanzieller Schaden, da Weichenumläufe innerhalb der zulässigen	200,00 €	h	200	40.000,00 €	40.000,00 €	200,00 €	4.180,00 €	8.160,00 €	16.120,00 €	25.274,00 €	Vermeidung durch rechtzeitiges Umschalten auf Redundanzen und Erhöhung von Wartungs- und Instandhaltungsintervallen
Zeitpanne nicht umlaufen, dadurch Züge den Laufweg nicht fortsetzen können und die Zugfolge möglicherweise neu geordnet werden muss. Verspätungsausgleich	200,00 €	h	200	40.000,00 €	40.000,00 €	200,00 €	8.160,00 €	13.334,00 €	25.274,00 €	36.418,00 €	Vermeidung durch rechtzeitiges Umschalten auf Redundanzen und Überprüfung der Betriebsspannung.

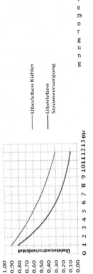

Überleben Kühler
Überleben Stromversorgung

Abbildung 24: Überlebenswahrscheinlichkeit Systeme Kühler, Stromversorgung

Zusammenfassung und Ausblick

Das Ansinnen der vorliegenden Arbeit ist die Betrachtung der hilfreichen Einflussnahme der Methoden der Qualitätssicherung auf die Prozesssicherheit der kabellosen Steuerung von Feldelementen der Bahn. Die Ergebnisse sollen insbesondere dazu beitragen, die Methoden der Prävention zur Schadensvermeidung in kabellosen Übertragungssystemen, werden sie für den Bahnbetrieb verwendet, zu fördern. Wurde bisher das Eintreten eines Schadensfalls risikoorientiert, unter dem Motto: „Was passiert in welchem Maße, wenn…?", betrachtet, so möge sich die Zukunft eines Schadenseintritts aus den sich mit der Zeit veränderlichen Eigenschaften nicht nur für den Fall des Eintretens eines Schaden besser einschätzen lassen, sondern auch präventiv wirken.

Insbesondere bei komplexen, kabellos fernwirkenden Systemen, wie es die Kombination von Komponenten der Bahnsicherungstechnik in Zusammenwirken mit der Bahntelematik darstellt, mögen dem Verschleiß und der Alterung und der damit verbundenen erhöhten Anfälligkeit für F/A/S dauerhafte Beachtung geschenkt werden.

Dass diese über den „Äther" funktionierenden Systeme nicht mehr tatsächlich kontinuierlich über einen ununterbrochenen Bitstream qualitätsüberwacht werden können, liegt auf der Hand. Die Kommunikation erfolgt über Datenpakete und über ein wie auch immer geartetes Breitbandnetz. Es sei dahin gestellt, ob dieses das Internet sei oder das auf Bahnzwecke angepasste GSM-R. Immer müssen Datenpakete über eine große Anzahl von Systemknoten empfangen und weitergeleitet werden, was nicht immer reibungslos funktioniert.

Für isoliert liegende Betriebsstellen, Gruppen von Feldelementen oder einzelne Feldelemente, sollen sie von Providersystemen fernüberwacht werden, muss die Qualität der Datenübertragung, die QoS, gesichert sein. Dazu sollen qualitätsüberwachte Systeme dienen, die je nach Fall eines F/A/S, selbständig den Betrieb über Redundanzen umschalten, wenn die Prozessfähigkeit nicht mehr gewährleistet ist. Die Steuerung können zukünftig

© Springer Fachmedien Wiesbaden 2014
M. Hellwig, V. Sypli, *Leit- und Sicherungstechnik mit drahtloser Datenübertragung*,
DOI 10.1007/978-3-658-05436-6_7

relational verknüpfte Datenbanken übernehmen, die in Verbindung mit den beschriebenen QoS-Methoden, über eine Zentrale synchronisiert werden.

Die Strecken zwischen isoliert liegenden Betriebsstellen sind dadurch gefährdet, dass sie, je ausgedehnter sie sind, aufgrund eingeschränkter Überwachungsmöglichkeiten Objekte des Vandalismus sind. Die Tendenz dazu wird offensichtlich dadurch erkannt, dass jüngst bei Neubauten von ESTW Kabelsysteme entwendet werden. Das gilt ins besondere für Strecken, die durch Vandalismus gefährdet sind, z. B. Neubaustrecken in Entwicklungsländern, in denen Rohstoffe aus den Bahnanlagen „abgebaut" werden.

Wenn dort kabellos kommunizierende, relational verknüpfte Datenbanksysteme zum Einsatz kommen, die sich gegenseitig im Bedarfsfall unterstützen oder gar ersetzen, ist die QoS ein „Muss", denn eine überzogene Vorhaltung von Wartungs- und Instandhaltungsressourcen, als Antwort auf das erhöhte Risiko von Angriffen auf Bahnsysteme, wäre auf Dauer aus Gründen der Wirtschaftlichkeit nicht immer vertretbar.

Für ein rechtzeitiges Umschalten auf Redundanzen ist es notwendig, den Übertragungsprozess qualitativ zu überwachen. Ein theoretisch, statistisch-stochastischer Ansatz dazu wurde beschrieben. Unter der Voraussetzung, dass die beschriebenen Merkmalswerte normalverteilt und in der Lage stabil sind, kann behauptet werden, dass der Übertragungsprozess prozessfähig ist, sofern sich dieser innerhalb der festgelegten Grenzwerte bewegt. Signifikante Merkmalsabweichungen, welche die vereinbarte Zeitspanne überschreiten, weisen darauf hin, dass der Übertragungsprozess dazu neigt, sich zu verschlechtern. Dieses ist besonders dann zu befürchten, wenn die Verschleiß- und Alterungsphase für Komponenten „schleichend" einsetzt. Konkret bedeutet dies:

Nach Betrachtung der Ansätze kann festgestellt werden, dass allein die quantitative Beobachtung der Paketverlustrate allein nicht ausreicht, um auf Qualitätsverluste zu schließen, da Paketverluste erst innerhalb einer Stichprobe zwischen $500 > n < 2000$ offensichtlich werden. Die Zeitspanne, die für eine Stichprobe derartiger Größe notwendig ist, reicht nicht aus, um auf frühzeitiges Erkennen von F/A/S zu schließen. Wohl gibt die Paketverlustrate, wenn sie die Größe einer Grundgesamtheit erhält, Vergleichsmöglichkeiten zwischen tatsächlichen und vereinbarten Verlusten.

Für präventive Erkennung von F/A/S sind subtilere Methoden, wie die der kontinuierlichen Stichprobenentnahme, notwendig, welche mit geringer Anzahl von Stichproben auskommt. In Verbindung damit kann die Kenntnis der Lebensdauer aufdecken, in welcher Phase damit gerechnet werden muss, dass Systeme ausfallgefährdet sind. Langfristig erlangte Kenntnis über Lebensdauer und Zusammenwirken von Systemen fördern diesen Prozess.

Dass Redundanzen, also Ersatzsysteme, ebenfalls überwacht werden müssen, ergibt sich aus einer Wahrscheinlichkeitsbetrachtung mittels Trinomialverteilung.

Daraus geht hervor, dass das „tragende System", sollte es „schwächeln", durch Redundanzen unterstützt werden muss. Dieses kann aber nur mit der Prozessfähigkeit geschehen, mit der die Ersatzsysteme fähig sind. Insofern ist die MTTR direkt beeinflusst durch das Zusammenwirken der Redundanzen. Die Anwendung von subtileren Methoden erfordert aber auch die gewissenhafte, kontinuierliche Überprüfung der Parameter. Nur so kann sichergestellt werden, dass eine frühzeitige Erkennung „schleichender" Veränderung richtig bewertet wird.

Der Themenkreis berücksichtigt auch die Entwicklung des Telekommunikationsgesetzes vom 22. Juni 2004 (BGBl. I S. 1190), das durch Artikel 1 des Gesetzes vom 20. Juni 2013 (BGBl. I S. 1602) geändert worden ist, Stand: Zuletzt geändert durch Art. 1 G v. 3.5.2012 I 958, 1717 und den Entwurf einer Netzneutralitätsverordnung nach § 41a Abs. 1 TKG, Bundesministerium für Wirtschaft und Technologie.

Diskutiert wurden weiterhin Annahmen des Verfassers und Stellungnahmen der Deutschen Gesellschaft für Qualität, die letzlich für die Verwendung der dargestellten Methoden der QoS dienlich sind.

Auch durch jüngst schwere Vorfälle geprägte Ereignisse, sowohl in der Atomindustrie (Fukushima) als auch im Eisenbahnverkehr (Hordorf), wurde das Eintreten der seltenen, scheinbar nicht voraussehbaren, schadenträchtigen, leidbringenden Ereignisse der sogenannten „Schwarzen Schwäne" in der Öffentlichkeit diskutiert. Im Eisenbahnverkehr kann ihnen vorausschauend und präventiv begegnet werden, sofern die Eigenschaften aller beteiligten Systeme bekannt sind. Dazu gehören Lebensdauer und Zuverlässigkeit. Beide Parameter sind Grundlage für das frühzeitige Erkennen von F/A/S über die dargestellten Methoden der QoS, insbesondere der Überwachung mittels Shewhartregelkarten.

Den Abschluss der Arbeit bildet die Erkenntnis, dass der Aufwand auch für kabellose QoS- kontrollierte Übertragungssysteme nicht unerheblich ist, will man bei fernüberwachten Feldelementen oder Gruppen von Feldelementen die Angriffsmöglichkeiten auf den Übertragungsweg einschränken und gleichzeitig die Möglichkeiten der weiten, flächendeckenden Übertragung nutzen.

Trotzdem bilden die dargestellten Methoden ein Modell zur vorsorglichen Vermeidung von F/A/S durch den Fakt, dass frühzeitiges Erkennen dazu führt, dass die Prozessfähigkeit gegen 1 strebt, wenn die Reparaturzeitspanne MTTR gegen 0 sinkt.

Bei konsequenter Umsetzung dieser Überlegungen kann das Modell zu einem weiterführenden Schritt führen.

Ein spezifisches Fehlerprüfverfahren aus der Nachrichtentechnik wird daher mit einem tatsächlich zu verwendenden Protokoll – in Form eines Live-Tests für den Wirkbetrieb durchgeführt werden würden.

Anhänge

8

8.1 Erhebung Grundgesamtheit UMTS (ping cvut.cz) n = 20.000

In Ergänzung zu den vorangegangenen Ausführungen wurde eine Grundgesamtheit von $n=20.000$ erhoben, siehe Tab. 8.1. Aus dem normierten, gesamten Datensatz wird ersichtlich, dass die Messungen Zyklen widerspiegeln, in denen die Laufzeiten einer Varianz unterliegen. Daher ist nicht der gesamte Datensatz normierbar, wie die folgende Abb. 8.1 zeigt.

Vielmehr wird aus Abb. 8.2, kleines Histogramm, ersichtlich, dass die Normierung einzelner Zyklen auf eine normalverteilte Ausprägung schließen lässt.

Die Betrachtung der ersten 30 min, siehe Abb. 8.3, allerdings offenbaren, dass zufällige Ausreißer den anfänglichen Eindruck verfälschen.

Die Betrachtung einer dreistündigen Erhebung in Abb. 8.4 offenbart, dass mit zufälligen Ausreißern immer gerechnet werden muss – ein signifikantes Indiz für die berechtigte Anwendung der zuvor dargestellten Methoden.

8.2 Systemlebensdauern

Aus der Homepage sepa-europe.com, technische-info/Lüfter-Lebensdauer-MTBF, hier ein Auszug, wird bekannt gegeben:

© Springer Fachmedien Wiesbaden 2014
M. Hellwig, V. Sypli, *Leit- und Sicherungstechnik mit drahtloser Datenübertragung,*
DOI 10.1007/978-3-658-05436-6_8

Tab. 8.1 Auszug aus Erhebung Grundgesamtheit UMTS

n	t	ms	z (normiert)	m	s
1	09:00:00	173	0,240432301	146,198571	111,471831
2	09:00:01	161	0,132781786		
3	09:00:02	159	0,114840034		
4	09:00:03	147	0,007189519		
5	09:00:04	156	0,087927405		
6	09:00:05	154	0,069985653		
7	09:00:06	142	-0,03766486		

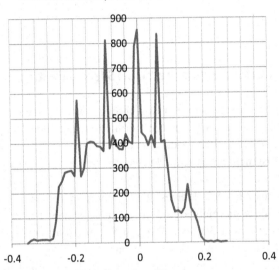

Abb. 8.1 Normierte Stichprobe, vollständig aufgezeichnet

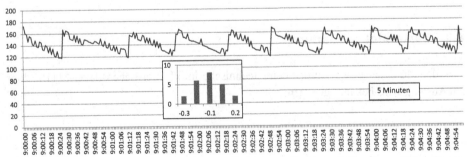

Abb. 8.2 Auszug aus Erhebung Stichprobe UMTS, die ersten 5 min von 3 Stunden und Normierung

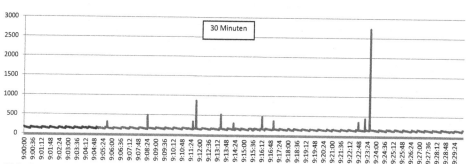

Abb. 8.3 Auszug aus Erhebung Stichprobe UMTS, die ersten 30 min von 3 Stunden

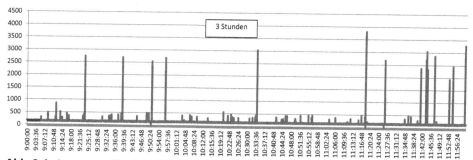

Abb. 8.4 Auszug aus Erhebung Stichprobe UMTS, 3 Stunden

Die MTBF-Angabe bei SEPA®-Lüftern basiert auf einer Ausfallwahrscheinlichkeit von 63 %. L1, L10, MTBF und MTTF sind statistische Angaben, die nur durch Beobachtung großer Mengen über einen langen Zeitraum erfassbar sind.
Die Werte L1, L10 und MTBF stehen grob in folgendem Zusammenhang: L1: L10: MTBF = 0.21: 1.0: 4.0 (L1 = 1 % -, L10 = 10 % ausgefallen in MTBF) Die Ausfallwahrscheinlichkeit steigt logarithmisch mit der Temperatur. Falls nicht anders angegeben, beziehen sich alle Lebensdauerdaten auf Raumtemperatur.

Lüftertyp	L_1 (20°)	L_{10} (20°)		Nach n Jahren ausgefallen bei T_u=60° *)		
			MTBF	n=1	n=3	n=5
SEPA® Kugellagertyp	20000h	95000h	280000h	ca. 0.4%	ca. 1,5%	ca. 5%
SEPA® Gleitlagertyp	14500h	70000h	210000h	ca. 2.0%	ca. 10.0%	ca. 45%
Low cost Wettbewerb	10000h	50000h	140000h	ca. 5.0%	ca. 30.0%	ca. 100%
SEFA® CPU-Cooler	16000h @ 60° *)	75000h@60° *)	210000h	ca. 0,5%	ca. 1,6%	ca. 2.7%

*)Temperatur des Kühlkörpers 60 °C. Lufttemperatur 40 °C

(21) Dr. Viktor Tiederle, Zuverlässigkeitsprognose von Bauelementen, 11. Europäisches Elektroniktechnologie-Kolleg 16.–20. April 2008:

- Vergleich von Betriebsbedingungen unterschiedlicher Marktsegmente

Marktsegment		Betriebszeit	Stunden pro Woche	Zyklen pro Tag	Betriebs-bedingungen		Lager-bedingungen
Innenbereich	PC-Desktop Server Consumer	5 bis 10 Jahre	60 bis 168 h	Zyklen Umgebung: 1 bis 2 Spannungs-Zyklen: 2 bis 4	+10°C bis +35°C @ 10% bis 90% RH	{1}	-20°C bis +60°C @ 10% bis 90% RH
Tragbare Geräte (Consumer)	Notebook PDAs Mobil-Telefon	2 bis 5 Jahre	60 bis 168 h	Zyklen Umgebung: 2 bis 4 Spannungs-Zyklen: 4 bis 6	-10°C bis +40°C @ 30% bis 90% RH	{2}	-20°C bis +60°C @ 10% bis 90% RH
Sonstige	Telekommunikation Industrie	7 bis 25 Jahre	20 bis 168 h	Zyklen Umgebung: 2 bis 4 Spannungs-Zyklen: 2 bis 10	+5°C bis 40°C @ 20% bis 75% RH	{3}	-20°C bis +60°C @ 10% bis 90% RH
Mobil	Automotive	7 bis 25 Jahre	20 bis 168 h	Zyklen Umgebung: 2 bis 4 Spannungs-Zyklen: 2 bis 10	-40°C bis +70°C @ 30% bis 92% RH	{4}	-40°C bis +90°C @ 10% bis 90% RH

8.3   OSI-Referenzmodell

Das OSI–Referenzmodell beschreibt eine Abfolge von Betriebsprogrammen von Rechn-ersystemen, die in Netzwerken zusammenwirken. Die Abfolge der Programme, wie sie dargestellt ist, wird auch als Schichtenmodell bezeichnet:

Schicht 7 – Anwendungsschicht (Application Layer)
Schicht 6 – Darstellungsschicht (Presentation Layer)
Schicht 5 – Sitzungsschicht (Session Layer)
Schicht 4 – Transportschicht (Transport Layer)
Schicht 3 – Vermittlungsschicht (Network Layer)
Schicht 2 – Sicherungsschicht (Data Link Layer)
Schicht 1 – Bitübertragungsschicht (Physical Layer)

Objekt der Betrachtung dieser Arbeit ist Schicht 4, Transportschichten der Netzwerkrech-ner, welche während der aktiven Ende-zu-Ende-Beziehung Datenpakete austauschen.

Der Austausch dieser Datenpakete kann über die DOS-Befehle ping bzw. tracert auf dem Monitor beobachtet, als auch in Microsoft EXCEL®-Tabellen als Datensammlung gespeichert werden. Eine hinreichend große Datensammlung dient in dieser Arbeit als Grundgesamtheit für die Wertung der Dienstgütequalität einer Endes zu Ende Kommuni-kation mit den vorgestellten Methoden.

8.4   Definitionen nach Bundesnetzagentur, Mitteilung Nr. 294/2005

Backbone-Netz	Ein Telekommunikationsnetz, das hochbitratige Übertragungsraten ermöglicht. Das Backbone-Netz dient der Verbindung von Netzsegmenten und/oder kleinerer Telekommmunikationsnetze.
Breitbandiger Netzzugang	Ein Zugang zu einem Telekommunikationsnetz, der eine Datenübertragungsrate von mehr als 128 kbit/s in einer Verkehrsrichtung ermöglicht. Der breitbandige Netzzugang umfasst die hochbitratige Nutzung der Anschlussleitung, die Zusammenfassung und erste Konzentration der Signale mehrerer Endkunden und den Transport sowie evtl. weitere Konzentration zu einem Netzzugangsserver eines Internetzugangsanbieters. Der breitbandige Netzzugang ist kundenseitig durch den Eingang des Netzabschlusspunktes und netzseitig durch den Eingang des Netzzugangsservers eines Internetzugangsanbieters abgeschlossen.
Funktionsbereiter Zustand	Ein funktionsbereiter Zustand (eines Netzzugangs) liegt vor, wenn die Zuweisung einer IP-Adresse und deren Übertragung erstmalig möglich ist.
Gateway	Ein Netzknoten, der zwei oder mehrere Netze miteinander verbindet, um Daten bidirektional zwischen den Netzen auszutauschen.
IP-Addresse	eine $4 * 8 = 32$ bit Dualzahl, auch dargestellt durch 4 einzelne Bytes, z. B. 195.20.3.2 (durch Punkte abgetrennt) bei IP Version 4.
Kunde	Die Partei, die einen Vertrag mit einem Aubieter über die Bereitstellung des breitbandigen Netzzugangs abgeschlossen hat. Der Kunde ist als Endkunde zu verstehen, denn im Sinne dieses Dokuments gelten Telekommunikationsdiensteanbieter, die ihrerseits Telekommunikationsdienstleistungen von anderen Diensteanbietern beziehen, nicht als Kunden.
Netzabschlusspunkt	Der physikalische Punkt, an dem der Nutzer Zugang zum breitbandigen Netzzugang erhält.
Nutzer	Die Partei, die den (die) erbrachten Telekommunikationsdienst(e) – hier den breitbandigen Netzzugang – nutzt. Der Nutzer ist als Nutzer von Telekommunikationsdienstleistun-

	gen am Netzabschlusspunkt zu verstehen. Ein Nutzer kann gleichzeitig auch ein Kunde sein.
Netzzugangsserver	Ein Netzknoten, der für Nutzer den ersten Eingangspunkt zum Netz darstellt. Es ist das erste Netzelement, das Nutzern Dienste bereitstellt; es fungiert als Gateway für alle weiteren Dienste.

Literatur

1. Bundesnetzagentur, Mitteilung Nr. 294/2005. Veröffentlichung von „Definitionen und Messvor-schriften für Qualitätskennwerte für breitbandige Netzzugänge"
2. Dr.-Ing. Enrico Anders „Ein Beitrag zur ganzheitlichen Sicherheitsbetrachtung des Bahnsys-tems"
3. DIN ISO 21747: 2007_Prozesslenkung
4. Klaus Rebensburg, 2006/2007 Vertiefung QoS, Messung der QoS (Dienstgüte), Messverfahren, Fehlerquellen: „Das Messen von QoS ist problembehaftet"
5. Claudia Hallau, Praktikumsbericht „AUSFALLRATEN" vom 18.07.2008
6. DIN EN 50159-2:2001
7. DIN EN 50159-1 [DIN01b]
8. DIN EN 50159-2 [DIN01c]
9. DIN EN 50129
10. EN 50131-1 (Alarmanlagen–Einbruch-und Überfallmeldeanlagen (AÜA)–Teil 1DIN 40041:1990-12
11. Richtlinie 2463: 2007-08 (03)
12. Annahmen Verfasser/Stellungnahmen DGQ, Lunau, Christoph, Elmar Hillel [mailto:cl@dgq.de] Gesendet: Montag, 16. Juli 2012 07:21
13. „Echtzeitdienste in paketvermittelnden Mobilfunknetzen", Andreas Schieder, Fakultät für Elek-trotechnik und Informationstechnik der Rheinisch-Westfälischen Technischen Hochschule Aa-chen, 21. Juli 2003
14. DIN 40041:1990-12
15. Gegenwärtige Forschungsschwerpunkte und künftiger Forschungsbedarf zur Bahntelematik November 2006 Trinckauf: Bahntelematik Einflüsse auf RAMS (Reliability, Availability, Main-tainability Railways) im Bahnsystem
16. 3. Verordnung (EG) Nr. 1371/2007 des Europäischen Parlaments und des Rates vom 23. Okto-ber 2007 über die Rechte und Pflichten der Fahrgäste im Eisenbahnverkehr vom 23. Oktober 2007, (ABl. 2007 Nr. L 315 S. 14) EU-Dok.-Nr. 3 2007 R 1371, Die Fahrgastrechte VO gilt seit 4. 12. 2009
17. Telekommunikationsgesetz (TKG), Ausfertigungsdatum: 22.06.2004 Vollzitat: Telekommuni-kationsgesetz vom 22. Juni 2004 (BGBl. I S. 1190), das durch Artikel 1 des Gesetzes vom 20. Juni 2013 (BGBl. I S. 1602) geändert worden ist", Stand: Zuletzt geändert durch Art. 1 G v. 3.5.2012 I 958, 1717 Hinweis: Änderung durch Art. 1 G v. 20.6.2013 I 1602 textlich nachgewie-sen, dokumentarisch noch nicht abschließend bearbeitet Entwurf einer Netzneutralitätsverord-nung nach § 41a Abs. 1 TKG, Bundesministerium für Wirtschaft und Technologie, Stand: 17. Juni 2013

© Springer Fachmedien Wiesbaden 2014
M. Hellwig, V. Sypli, *Leit- und Sicherungstechnik mit drahtloser Datenübertragung*,
DOI 10.1007/978-3-658-05436-6

18. Datenschutzlexikon zur Dienstgütevereinbarung
19. Nassim Nicholas Taleb, Der Schwarze Schwan: Die Macht höchst unwahrscheinlicher Ereignisse
20. http://www.deutschebahn.com/site/shared/de/dateianhaenge/infomaterial/sonstige/gsmr__zug-funk__in__betrieb__planungbasispaket__karte.pdf)
21. Dr. Viktor Tiederle, Zuverlässigkeitsprognose von Bauelementen, 11. Europäisches Elektronik-technologie-Kolleg 16. – 20. April 2008

Sachverzeichnis

© Springer Fachmedien Wiesbaden 2014
M. Hellwig, V. Sypli, *Leit- und Sicherungstechnik mit drahtloser Datenübertragung,*
DOI 10.1007/978-3-658-05436-6